# 전자시스템 설계 및 실습

류정탁 저

홍릉과학출판사

# 머리말

이 책은 정보사회에서 활용하고 있는 전자시스템의 핵심의 되는 마이크로프로세스에 대해서 이야기하고 있으며 미래에 사용되어질 시스템의 원리와 응용에 대하여 다루고 있다. 최근 전자시스템을 구동함에 있어 가장 관심을 모으고 있는 것이 AVR이라 할 수 있다. 본서는 이 AVR을 이용한 시스템의 구동 및 응용에 대한 학습 내용을 담고 있다.

최근 공학영역의 교육은 대부분 종합적인 설계 중심의 교육으로 변화되어가고 있다. 이론에서 배운 내용을 실제 현장에서 사용할 수 있는 설계 능력을 확인하는 단계까지 교육의 범위가 넓어지고 있다. 따라서 교재의 내용은 AVR의 기초에서부터 창의적 시스템 구성까지 폭넓게 순차적으로 학습할 수 있도록 구성하였다. 각 단원의 마지막 창의적 설계부분은 상황에 따라 다소 어려운 문제들도 구성되어 있다. 그러나 최근 공학설계 및 종합설계 과정을 학습하는 공학도들에게는 많은 도움이 되리라 생각된다.

끝으로 이 책이 나오기까지 많은 부분에 보조를 해 준 전자시스템 연구실 연구원들에게 감사의 마음을 전달한다.

2010년
저자

# 차례

# 전자시스템 설계 및 실습

실험 01

# ATmega128 정의 및 구조 이해

## 1 실험의 목적

Aimega128의 기본구조를 익히고 그 활용에 대해 이해하자.

## 2 기초내용

### 2.1 마이크로프로세서와 마이크로콘트롤러

**1) 마이크로프로세서 정의**

마이크로프로세서(Microprocessor)란 컴퓨터의 중앙처리장치(CPU)를 단일 IC칩에 집적시켜 만든 반도체 소자로서, CPU의 여러 형태 중 하나라고 볼 수 있다. 이는 일반 컴퓨터의 중앙처리장치에서 주기억장치를 제외한 연산장치, 제어장치, 레지스터 등을 단 1개의 IC소자에 집적시킨 것이다.

**2) 마이크로콘트롤러의 정의**

마이크로프로세서 중에 1개의 칩 내에 CPU 기능은 물론이고 일정한 용량의 메모리(ROM, RAM)와 입/출력 제어 인터페이스 회로까지를 내장한 것을 특별히 마이크로콘트롤러라고 부른다. 이것은 마이크로프로세서가 널리 사용되기 시작하면서 1970년대 중반부터 나타난 형태로서 범용의 목적보다는 기기 제어용에 주로 사용되므로 붙여진 이름이며, 이는 1개의 소자만으로 완전한 하나의 컴퓨터 시스템 기능을 갖추고 있으므로 "단일 칩 마이크로컴퓨터(Single-chip microcontroller)"라고도 부른다.

### 3) 마이크로콘트롤러의 응용(활용) 사례

마이크로콘트롤러의 정의를 알아보았으니 이젠 마이크로콘트롤러가 어디에서 응용되고 개발되고 있는지 알아보자.

마이크로콘트롤러는 사용 범위는 우리의 생활의 전부라고도 말할 수 있을 정도로 광범위하다. 우선 우리가 흔히 들고 다니는 핸드폰, MP3플레이어, 디지털카메라와 같은 멀티미디어 기기에도 이용되며 DVD플레이어, 셋톱박스, 전화기, 냉장고, 전자레인지, 세탁기와 같은 생활가전에도 이용된다. 그뿐만 아니라 인공위성, 자동차, 선박, 항공기, GPS, 의료기기, 계측장비 등 가전-의료-산업분야에 두루 사용된다. 뿐만 아니라 최근에는 중공업 산업로봇, 반도체 검사용 비젼로봇, 원자로 상태 검사로봇 등으로 상용화된 로봇에도 이용되었다. 이렇듯 어느 분야에서나 마이크로콘트롤러의 역할은 더욱 강조되어만 가고 있다.

## 2.2 ATmega128의 구조 및 특징

### 1) ATmega128의 외부 구조

ATmega128의 핀 배치는 아래 [그림 1-1]과 같다.

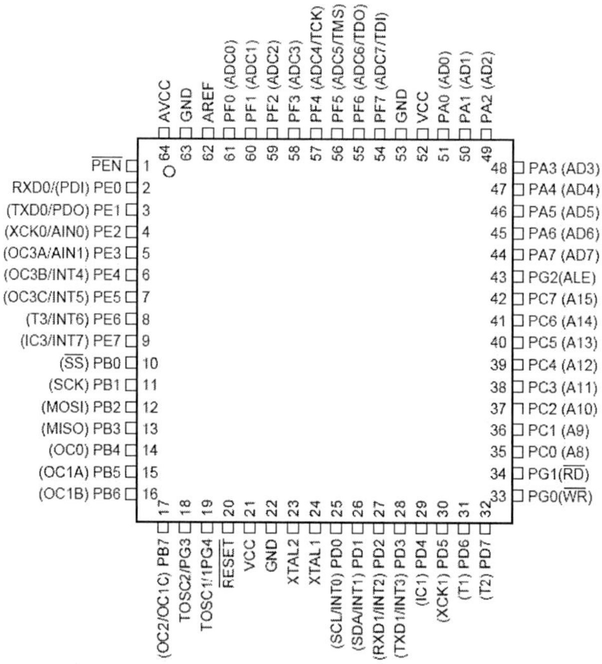


그림 1-1 ATmega128의 핀 배치

- VCC(21,52): 마이크로프로세서가 동작하도록 공급하는 전원으로 두 가지 타입에 따라 전원의 범위가 다르다.
  (ATmega128L: 2.7V ~ 5.5V / ATmega128: 4.5V ~ 5.5V)

- GND(22,53,63): 신호의 접지 핀으로 사용된다.
- XTAL1, XTAL2(23,24): 수정발진기의 입/출력 핀으로서 크리스털이나 오실레이터를 접속한다.

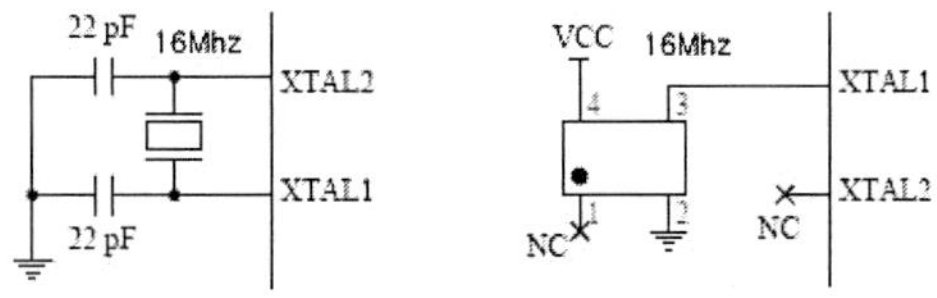


그림 1-2 크리스털 및 오실레이터 접속도

- RESET(20): 리셋 입력 핀으로서 50ns 이상의 Low level 입력이 지속되면 리셋이 발생한다.

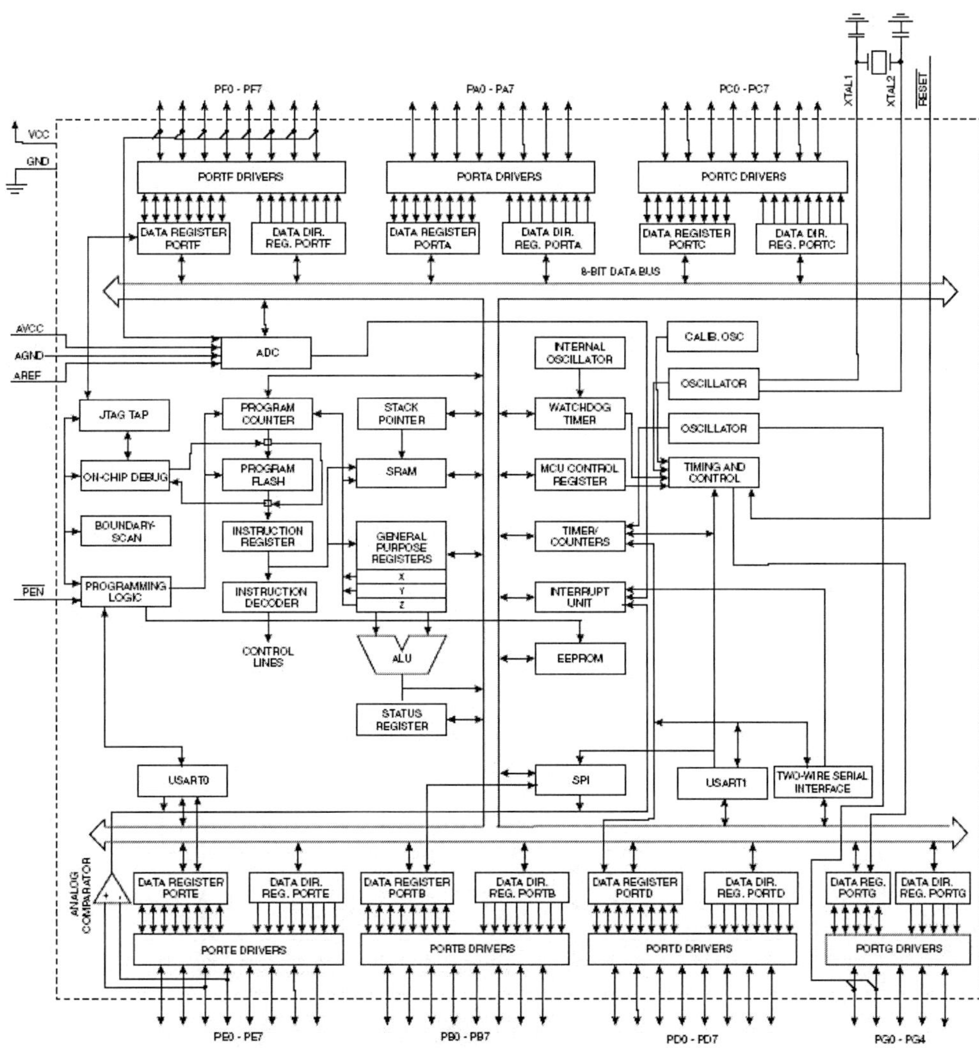


그림 1-3 Atmega128 내부 구조

- PORT A/B/C/D/E: 반이중 I/O 포트로 내부 풀업 저항 된 8비트/양방향/병렬/범용 포트이다.
  DDRX, PORTX, PINX의 레지스터를 이용해 제어를 한다.
- PORT F: 반이중 I/O 포트로 내부 풀업 저항 된 8비트/양방향/병렬/범용 포트이다. A/D 컨버터의 입력포트로도 사용된다.
- PORT G: 반이중 I/O 포트로 내부 풀업 저항 된 5비트/양방향/병렬/범용 포트이다.
- AVCC(64): A/D 컨버터 및 포트 F의 전원
  (ADC를 이용하지 않더라도 외부적으로 VCC에 연결되어야 한다.)
- AGND(63): AVCC에 대한 전원 접지(반드시 GND와 접속할 것)
- AREF(62): A/D 컨버터의 기준전압
- PEN(1): SPI 활성화를 시키는 프로그래밍 인에이블 핀으로서 파워 온 리셋시 LOW로 유지함으로서 SPI 활성화 상태가 된다. 일반적인 동작모드에서는 사용하지 않는다.

### 2) ATmega128의 내부 구조

ATmega128의 내부구조는 아래 [그림 1-4] 블록도와 같다.

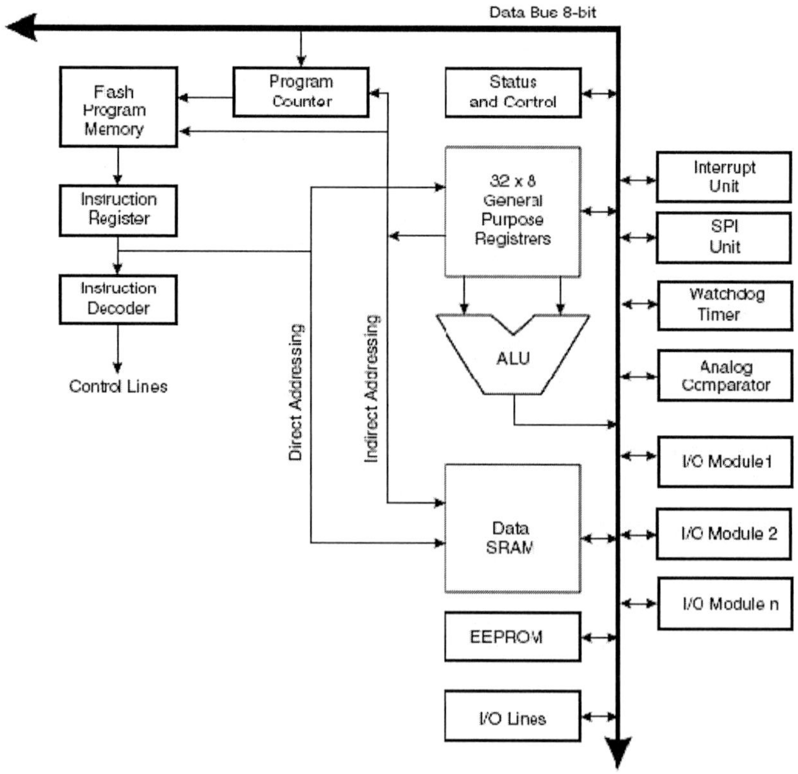


그림 1-4 ATmega128의 코어 부분의 블록도

- 병렬처리의 최대 성능을 위해서 AVR은 Harvard 구조를 사용한다.
  - 프로그램 / 데이터에 대해 분리된 메모리와 버스가 사용된다.
- 고성능의 ALU는 모든 32개의 범용레지스터와 직접 연결되어 단일 사이클로 동작한다.
- ATmega128이 하버드구조와 2단계 파이프라인 처리방식으로 프로그램 명령을 인출하여 실행하는 동작을 [그림 1-4]에 보였다. AVR의 이러한 진보된 설계 기술은 결국 CPU가 시스템 클럭의 1주기에 평균적으로 1개의 명령을 실행하도록 함으로써 클럭 주파수 1MHz당 1MIPS의 처리속도에 해당하는 매우 높은 성능을 발휘하는 것이 가능하도록 하였다.
- [그림 1-5]와 같이 1클럭 사이클 동안에 1개의 명령에서 2개의 레지스터 오퍼랜드가 사용되는 연산을 수행하고 그 결과를 다시 destination register에 저장하는 처리한다.

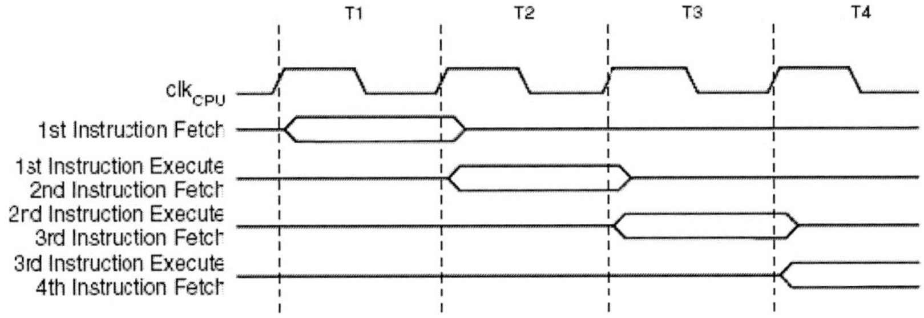


그림 1-5 The Parallel Instruction Fetches and Instruction Executions

### 3) ATmega128의 메모리 구조

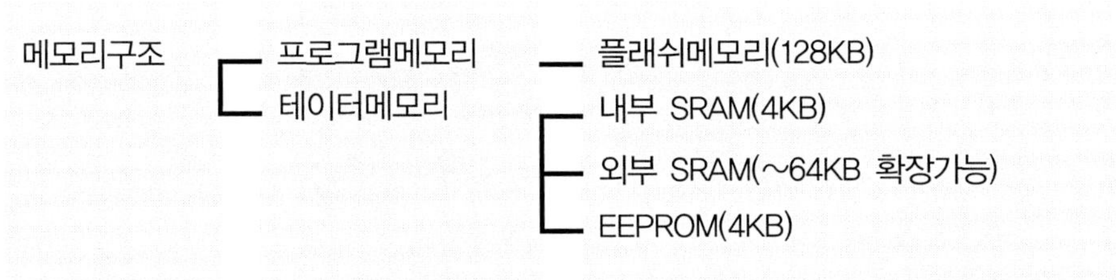


Ⓐ 프로그램 메모리

ATmega128은 내부에 프로그램 메모리로 사용하는 128KB의 플래쉬 메모리를 가지고 있다.

① Flash Memory

- 128Kbyte (64K * 16bit)
- 16bit or 32bit
- Application / Boot Flash section

- Programming Writing
  - SPI 통신방식을 이용한 ISP기능 이용
  - JTAG 에뮬레이터 사용
  - 병렬 프로그래밍 모드 이용

Ⓑ 데이터 메모리

ATmega128의 데이터 메모리는 내부 데이터 메모리로서의 SRAM, 외부 데이터 메모리 SRAM, 그리고 내부 EEPROM로 3가지 종류로 나눌 수 있다.

① 32 Registers ($00~$1F)

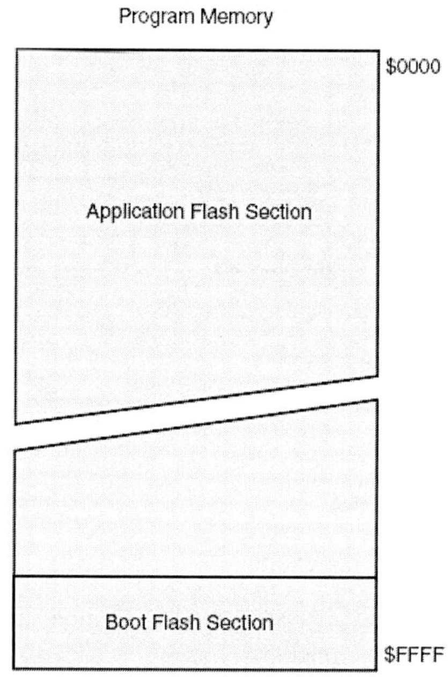


그림 1-6 프로그램 메모리

- 32레지스터는 AVR 모든 시리즈에서의 사용되는 범용레지스터로서의 역할을 하게 된다.

② 64 I/O Registers ($20~$5F)

- 각종 I/O 디바이스들을 제어하기 위한 레지스터
- IN / OUP 명령 사용 ($20~$5F → $00~$3F 라고 지정해야 한다.)

③ 160 Ext I/O Registers ($60~$FF)

- ATmega128에 추가된 각종 I/O 디바이스들을 제어하기 위한 레지스터
- IN/OUP 명령어 대신 LD/LDS/LDP, ST/STS/STD 명령어를 사용해야 한다.(∵16bit)

④ 내부 SRAM (0x0100~0x10FF)
- 4Kbyte (4096 * 8bit)
- 각종 사용자변수 / 스택 영역으로 사용

⑤ 외부 SRAM (0x1100~0xFFFF)
- 사용자가 정해진 4KB보다 더 확장된 데이터메모리를 필요할 때 약 60KB의 외부 데이터 메모리영역으로 이용가능하다.

⑥ EEPROM
- 4Kbyte 내장
- 불휘발성
- 다른 데이터 메모리 어드레스 영역과는 별개의 영역을 할당 받게 된다.
- 단일 바이트로 읽고 쓸 수 있다.

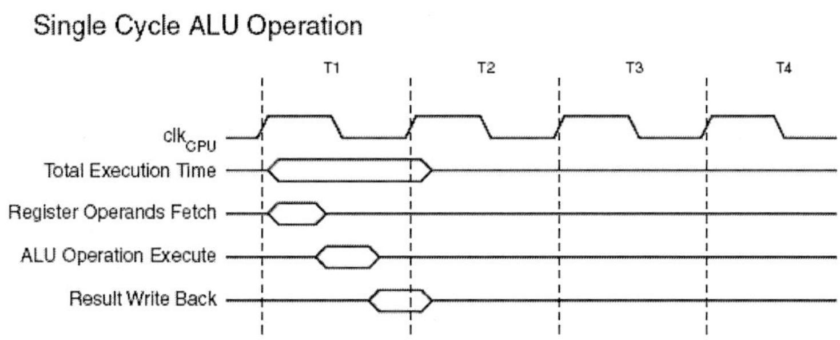


그림 1-7 Single Cycle ALU Qperation

### 4) ATmega128을 사용하기 위한 하드웨어

ATmega128을 구동하기 위해서는 다음과 같은 기본적인 하드웨어 구성이 필요합니다.

① MCU (ATmega128)
② Power (7805 or 2575)
③ Oscillator (16Mhz)
④ Reset
- MPU는 전원을 투입한 직후에 정확히 지정된 상태로 동작을 시작하도록 하기 위하여 리셋신호가 인가하도록 하드웨어설계를 해야 한다.
- Reset 기능을 작동하게 하는 회로
- 저항과 캐패시터의 충전 / 방출 기능을 이용하여 아날로그 소자인  스위치의 잡음방지
- 다이오드는 스위치 오프시 캐패시터를 방전시켜주기 위한 환류다이오드 역할

⑤ ISP

- In System Programmer 기능을 사용할 수 있도록 하는 특수 기능 핀

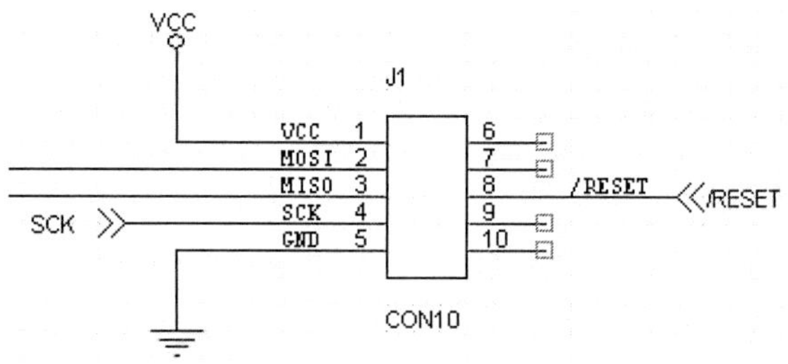


그림 1-8 ISP 특수 기능핀

⑥ AVRISP

- 롬 라이터를 사용하지 않고도 손쉽게 프로그래밍이 가능한 장치

⑦ Etc(Led/바이패스C)

### 5) 락 / 퓨즈비트

ATmega128에서는 메모리 보호기능을 설정하기 위하여 1byte 구조로 된 메모리 락 비트(memory lock bit)를 가지며, 기본적인 시스템 설정용으로 3byte 구조인 퓨즈 비트(fuse bit)를 가지고 있다.

① Flash Lock Bit: 코드 프로그램의 락 설정

② Boot Lock Bit: 부트프로그램 락 설정

③ Fuse Bit: 103호환 / 클럭선택 / start-up time 등의 설정

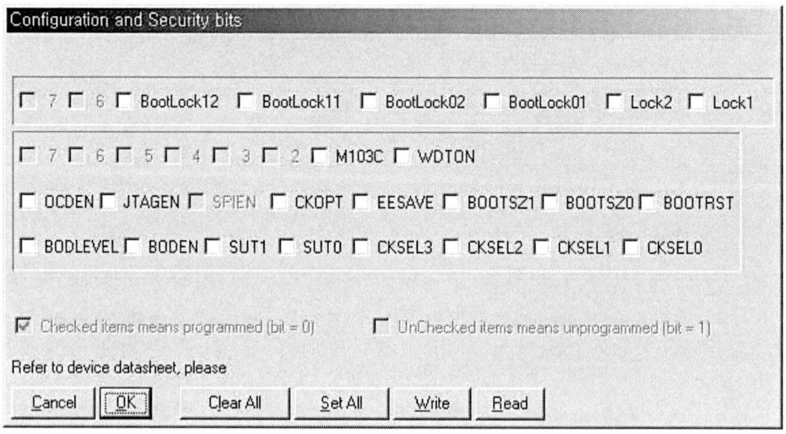


그림 1-9 PonyProg 에서의 lock / fuse 설정

※ 특별한 경우가 아니라면 ATmega128에서는 다음과 같이 설정하면 된다.

# 3 실험

## 3.1 예비보고서

1) 마이크로컨트롤러가 실생활에 사용되고 있는 예를 조사해보자.
2) 마이크로컨트롤러의 종류에 대해 조사하라.

## 3.2 실험내용

1) 락 / 퓨즈비트 설정을 직접 설정하여보자.

실험 02

# 실습을 위한 소프트웨어 개발환경의 이해 및 실습

## 1 실험의 목적

본격적인 실습수업에 앞서 소프트웨어 개발환경을 이해하고 실습에 필요한 환경을 구축한다. 환경을 구축하면서 컴파일러에 익숙해 질수 있도록 컴파일러의 구성과 기능을 자세히 살펴보자.

## 2 기초내용

### 2.1 개발환경 구축

#### 1) 초기화면설명

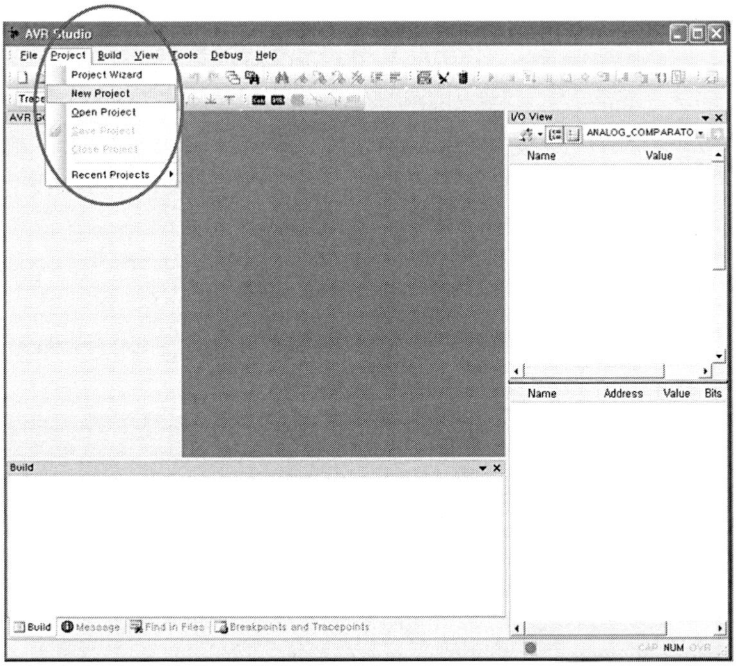


그림 2-1 초기화면

AVR Studio 프로그램을 처음 실행을 하면 [그림 2-1]과 같은 화면이 표시된다. 프로그램을 작성하기 위해서는 먼저 프로젝트를 생성하여야 하는데, 프로젝트를 생성하기 위해서 프로그램 실행화면에서 위에 있는 메뉴 중 Project 메뉴 밑의 New Project를 선택한다.

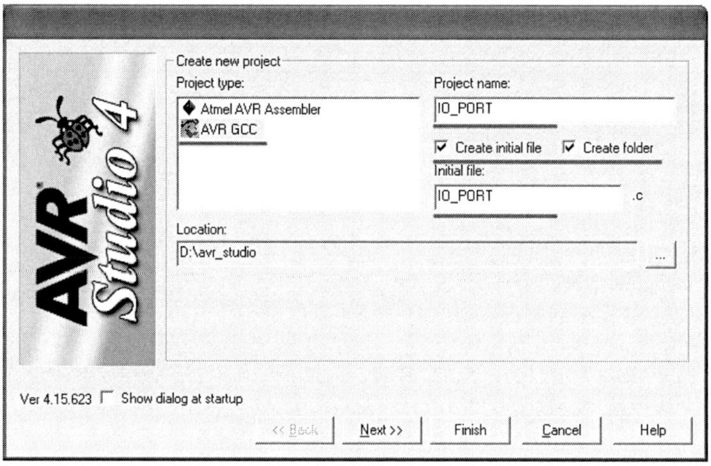


그림 2-2 프로젝트 생성 〈1〉

New Project를 선택을 하면 [그림 2-2]와 같이 새로운 프로젝트를 생성하기 위한 화면이 표시된다.

먼저 Project type 선택 항목 중에서 AVR GCC를 선택을 한다. 그러면 오른쪽 화면이 활성화가 되어 선택 및 변경이 가능하다. Project name란에는 프로젝트명을 기입한다. 프로젝트명을 작성하면 아래 Initial file란에 자동으로 프로젝트명과 같은 이름으로 작성이 된다. 아래 Location란은 프로젝트를 저장할 폴더 경로를 선택한다. 설정이 끝나면 Next 버튼을 클릭하여 다음으로 넘어간다.

[그림 2-3]의 설정화면에서는 Debug Platform과 Device를 선택을 한다. Debug Platform은 선택 메뉴 중에서 AVR Simulator을 선택하고, 다음으로 Device 메뉴 중에서는 Atmega128을 선택한다. 선택이 끝났으면 Finish 버튼을 클릭한다.

Finish 버튼을 클릭하고 나오면 [그림 2-4]와 같이 프로젝트가 생성된 화면을 볼 수 있다. AVR Studio는 5개의 창으로 구분이 되어 있다.

① File View

프로젝트에 포함되어 있는 Source files, Header files, External Dependencie, Other Files의 목록을 볼 수 있다.

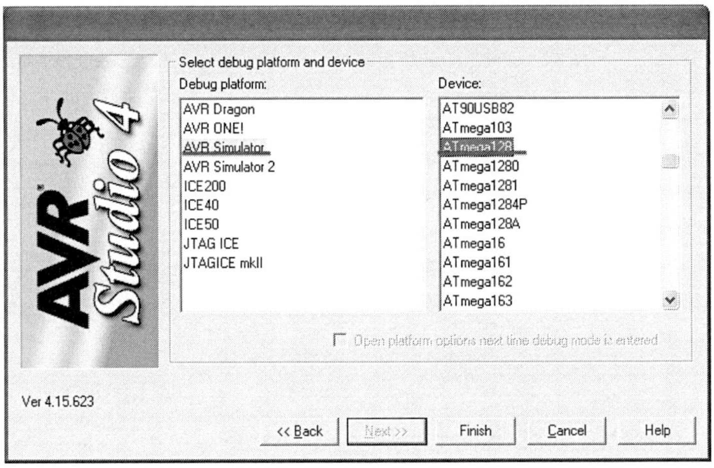


그림 2-3 프로젝트 생성 〈2〉

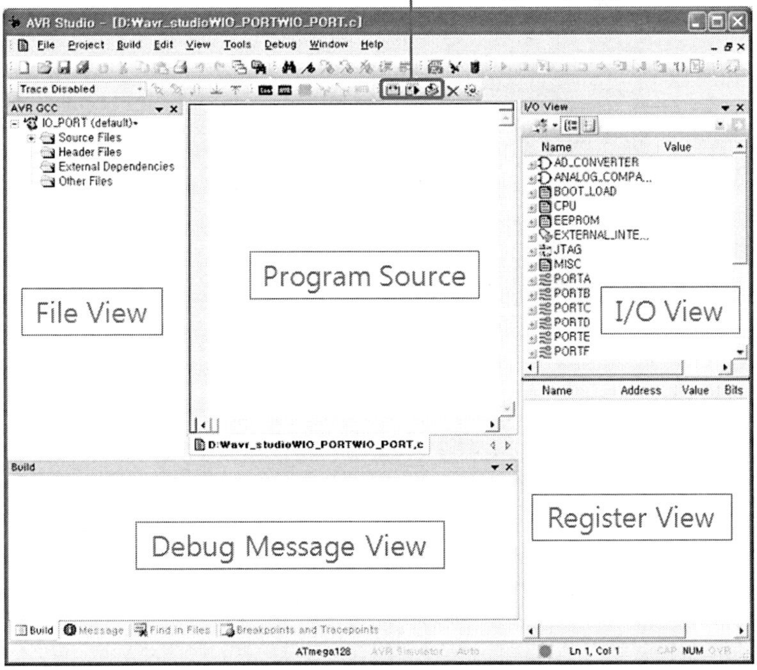


그림 2-4 프로젝트 생성 〈3〉

② Program Source

프로그램 소스를 작성하는 부분이다.

③ I/O View, Register View

I/O View, Register View를 통해서 설정에서 선택한 CPU의 레지스터 값을 볼 수 있다.

④ Debug Message View

Build 진행 시 에러메시지를 표시하고 Build 성공여부를 표시 해준다. 빌드를 성공하면 마지막에 "Build succeeded with 0 Warnings..."이라는 메시지가 표시된다. 이 메시지가 표시되면 [그림 2-5]처럼 프로젝트를 저장한 폴더 밑의 default 폴더 안에 hex 파일이 생성이 된다.

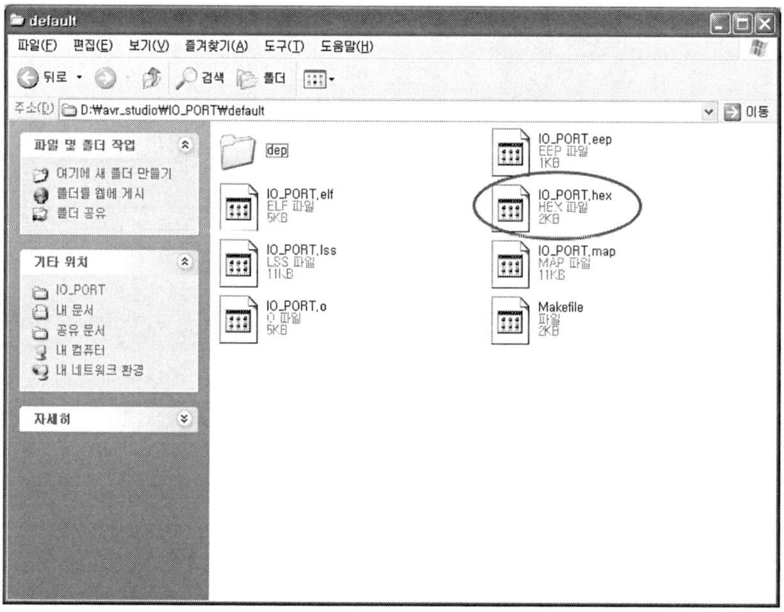


그림 2-5 hex 파일 생성

## 2.2 ATmega128에 프로그램 다운로드 방법

### 1) AVR Studio를 사용한 다운로드

AVR Studio를 이용하여서 hex파일을 ATmega128로 다운로드 하기 위해서는 USB 또는 시리얼 포트를 이용한 다운로드 장비가 필요하다. 다운로드 장비를 컴퓨터와 ATmega128에 연결을 한 후에 [그림 2-6]과 같이 AVR Studio의 메뉴 중에서 Tools 밑의 Program AVR 밑의 Connect를 선택을 한다. Connect를 선택하면 [그림 2-7]과 같은 화면이 나오는데 여기서는 사용하고자 하는 다운로드 Platform 종류와 컴퓨터와 연결된 포트를 설정 한 후 Connect 버튼을 클릭한다. 그러면 [그림 2-8]과 같은 화면이 뜨는데 위 창에서는 ATmega128에 프로그램을 다운로드 하기 위한 환경설정 및 다운로드 등을 할 수 있다.

먼저 ATmega128에 다운로드 할 hex 파일을 선택한다. 선택을 한 뒤 Program 버튼을 클릭하면 hex 파일의 다운로드가 진행이 된다. 맨 아래 창을 통해 진행 과정의 메시지가 출력이 된다.

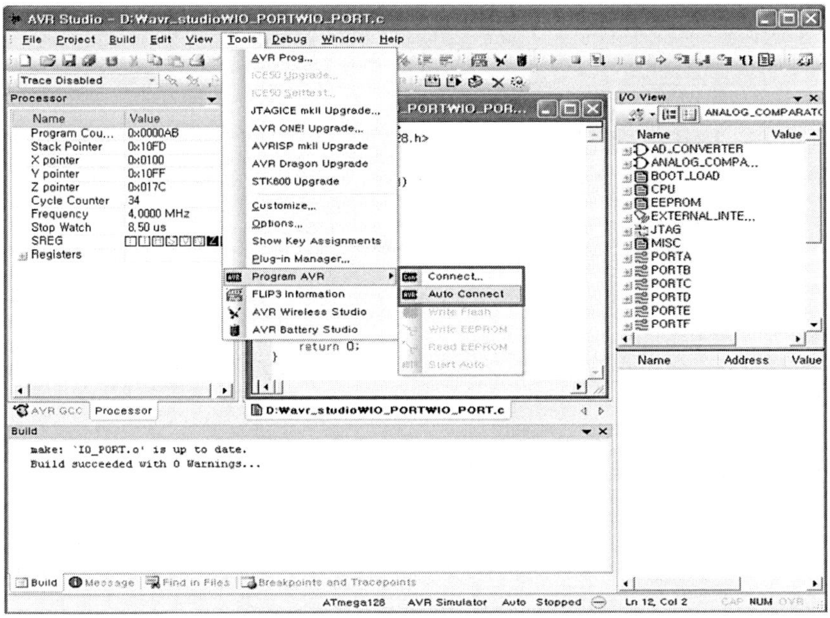

그림 2-6 AVR Studio hes 파일 다운로드 <1>

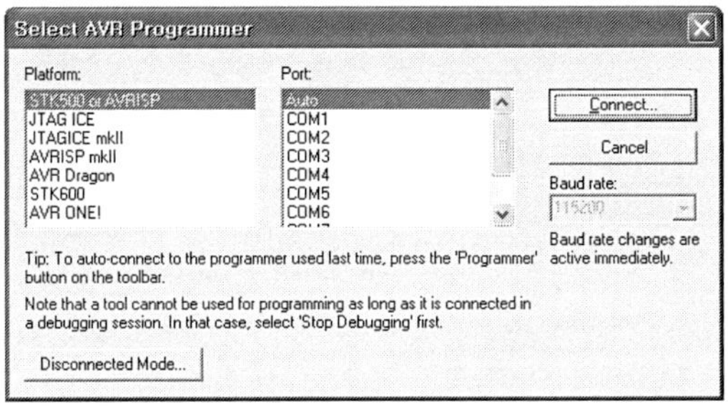

그림 2-7 AVR Studio hes 파일 다운로드 <2>

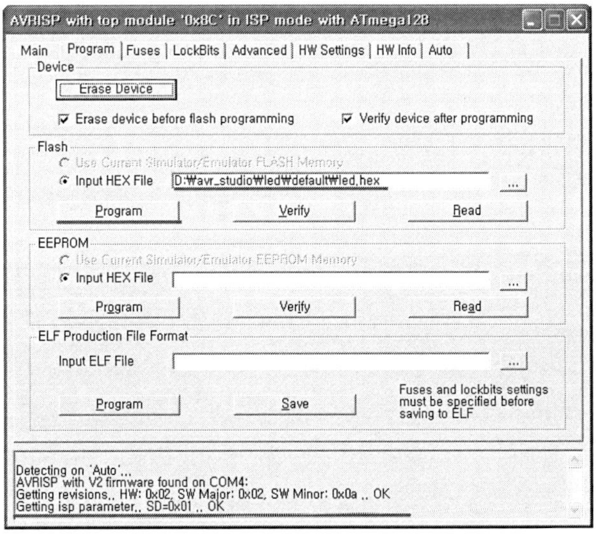

그림 2-8 AVR Studio hes 파일 다운로드 <3>

### 2) PonyProg를 사용한 다운로드

먼저 [그림 2-9], [그림 2-10]와 같이 다운로드할 MCU 종류를 선택 한다.

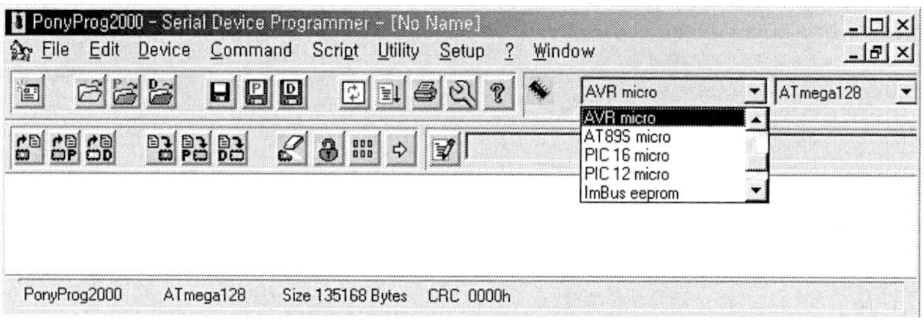

그림 2-9 PonyProg MCU 설정 〈1〉

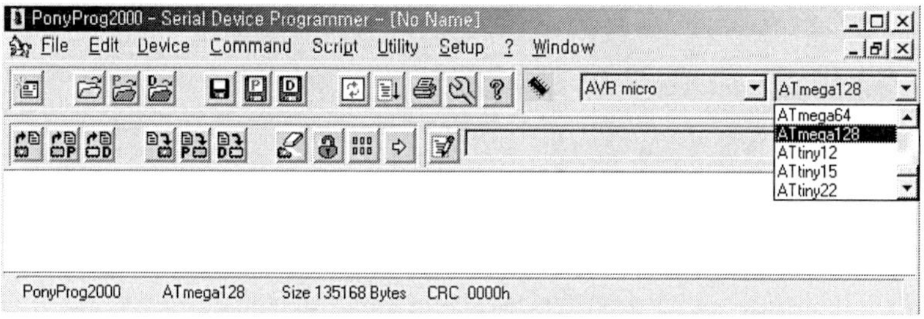

그림 2-10 PonyProg MCU 설정 〈2〉

다음으로 프로그램을 다운로드 하기위한 Interface 설정을 한다. [그림 2-11]과 같이 메뉴 중에서 Setup 밑의 Interface Setup을 선택한다.

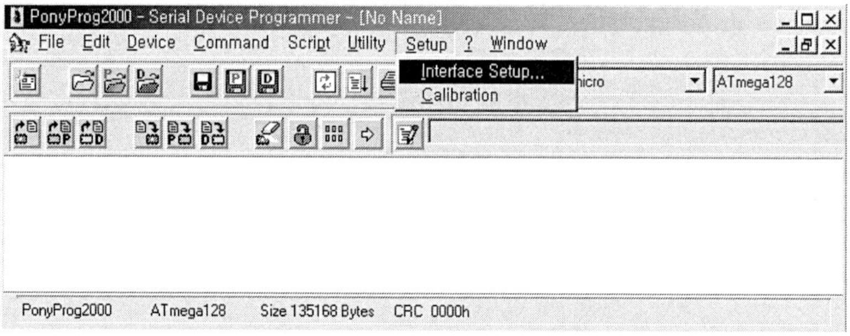

그림 2-11 PonyProg Setup 〈1〉

Interface Setup을 선택하면 [그림 2-12]의 Interface board Setup이라는 창이 뜬다. 이 창에서는 다운로드 하기위한 Interface 환경을 설정한다. 먼저 Serial과 Parallel 포트 중에서 Parallel을 선택을 하고 아래의 리스트에서 Avr ISP I/O를 선택한다. 다음으로 사용할 parallel 포트를 선택하는데 일반적으로 컴퓨터에 Parallel 포트가 하나가 있으므로 LPT1을 선택한다. 선택이 끝나면 맨 아래의 Probe 버튼을 클릭하여 테스트를 한다. 테스트 후 OK버튼을 클릭하여 설정을 마친다.

(참고로 AT89S8252와 같이 AVR 과 리셋 신호가 다른 마이크로 컨트롤러들은 바로 위 그림에서 Invert Reset 항목을 체크해 주어야 한다.)

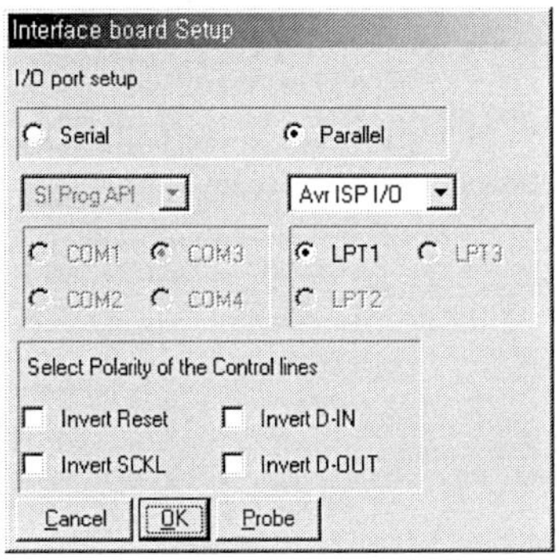


그림 2-12 PonyProg Setup〈2〉

다음으로 Command 메뉴 밑의 Program Options을 선택하여 [그림 2-13]과 같이 체크를 하여준다.

마지막으로 다운로드 할 hex 파일을 열고, ATmega128로 다운로드를 진행한다.

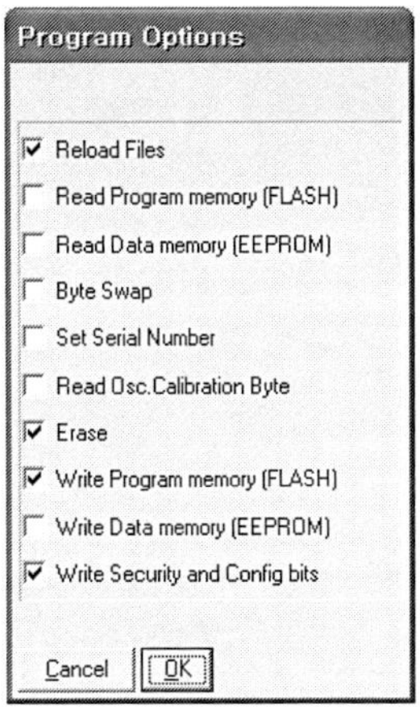


그림 2-13 Program Options 설정

## 3 실험

### 3.1 예비보고서

1) 마이크로컨트롤러가 실생활에 사용되고 있는 예를 조사해보자.
2) AvrStudio 컴파일에 대해 조사하라.
3) 마이크로컨트롤러의 종류에 대해 조사하라.

### 3.2 실험내용

1) 기초내용의 나오는 차례로 각자의 컴퓨터에 실행하여라.

실험 03

# I/O포트 및 LED테스트

## 1 실험의 목적

컴퓨터는 기억소자에 들어 있는 내용을 순차적으로 수행하며, 통상적으로 그 결과를 기억소자에 저장되게 된다. 따라서 기억소자에 들어있는 내용이나 연산 결과를 보기 위해서는 컴퓨터 내부 내용을 외부로 연결시켜주는 창구가 필요하며, 이러한 창구 역할을 용어로 OUTPUT PORT라고 한다.

그 반대로 컴퓨터에 데이터를 주거나 제어 신호를 넣어줄 때는 외부 신호를 컴퓨터 내부로 연결시키는 부분이 필요하다. 이를 INPUT PORT라고 한다.

즉 I/O PORT는 컴퓨터와 외부를 연결하는 장소가 되며, 제어기능으로 많이 활용되는 마이크로프로세서에서는 이를 잘 활용하는 것이 매우 중요하다. I/O포트에 대해 이해하고 활용하는 방법에 대해 알아보자.

## 2 기초내용

### 2.1 I/O포트

마이크로컨트롤러에서 병렬 입출력 장치는 마이크로컨트롤러가 외부와 인터페이스하는 방법 중 가장 중요한 역할을 한다. 마이크로컨트롤러는 On Chip이므로 내부에 I/O장치들을 내장하고 있다. 하나의 포트는 8개의 D플립플롭이 병렬로 이루어진 구조로 되어 있다. 즉, 래치가 되는 것이다.

모든 AVR패밀리의 I/O포트가 범용 디지털 I/O로 동작할 경우에는 Read-Modify-Write기능을 가지고 있고, AVR계열의 I/O포트에 관한 특징은 다음과 같다.

- 출력 포트의 버퍼는 많은 유입전류(Sink current)와 유출전류(Source current)를 사용할 수 있다.

- 모든 포트핀은 개별적으로 내부 풀업 저항을 사용할 수 있다.
- VCC와 GND사이에 다이오드를 접속하여 포트를 보호한다.
- 모든 레지스터는 다음과 같이 사용한다.
  ex) 포트 B의 3번째 비트 → PORTB.3
- 각 포트에 대한 I/O 메모리 어드레스는 다음과 같이 3가지로 구성된다.

  PORTx: 출력용 데이터 값을 위한 레지스터
  DDRx: PORT의 입/출력 방향설정을 위한 레지스터
  PINx: 입력 핀에 해당하는 레지스터로서 입력된 값을 표시한다.

## 2.2 각 포트별 추가적인 특성

| PORT | 부가기능 |
|---|---|
| A<br>외부 메모리를 인터페이스하기 위하여 시분할 다중화된 데이터 버스 및 어드레스 버스의 하위 바이트로 동작 | 외부메모리 인터페이스 ADDRESS AND DATA Bit 7 |
| | 외부메모리 인터페이스 ADDRESS AND DATA Bit 6 |
| | 외부메모리 인터페이스 ADDRESS AND DATA Bit 5 |
| | 외부메모리 인터페이스 ADDRESS AND DATA Bit 4 |
| | 외부메모리 인터페이스 ADDRESS AND DATA Bit 3 |
| | 외부메모리 인터페이스 ADDRESS AND DATA Bit 2 |
| | 외부메모리 인터페이스 ADDRESS AND DATA Bit 1 |
| | 외부메모리 인터페이스 ADDRESS AND DATA Bit 0 |
| B<br>타이머/카운터나 SPI 기능을 위한 동작 | OC2/OC1C |
| | OC1B |
| | OC1A |
| | OC0 |
| | MISO |
| | MOSI |
| | SCK |
| | SS₩ |
| C<br>외부 메모리를 인터페이스 하기 위한 어드레 TM 버스의 상위 바이트로 동작 | 외부메모리 인터페이스 ADDRESS AND DATA Bit 15 |
| | 외부메모리 인터페이스 ADDRESS AND DATA Bit 14 |
| | 외부메모리 인터페이스 ADDRESS AND DATA Bit 13 |
| | 외부메모리 인터페이스 ADDRESS AND DATA Bit 12 |
| | 외부메모리 인터페이스 ADDRESS AND DATA Bit 11 |
| | 외부메모리 인터페이스 ADDRESS AND DATA Bit 10 |
| | 외부메모리 인터페이스 ADDRESS AND DATA Bit 9 |
| | 외부메모리 인터페이스 ADDRESS AND DATA Bit 8 |
| D<br>타이머/카운터나 외부 인 | 타이머/카운터2 클럭 입력 |
| | 타이머/카운터1 클럭 입력 |

| 터럽트 또는 USART, TWI 직렬통신 포트로 동작 | XCK1(USART1 외부 클럭 입/출력) |
|---|---|
| | 타이머/카운터1 입력 캡쳐 |
| | 외부 인터럽트 3 or TXD1 |
| | 외부 인터럽트 2 or RXD1 |
| | 외부 인터럽트 1 |
| | 외부 인터럽트 0 |
| E<br>타이머/카운터나 외부 인터럽트 또는 USART0 직렬통신 포트, 아날로그 비교기, ISP 기능을 위한 신호들로 동작 | 외부 인터럽트 7 or 타이머/카운터3 입력 캡쳐 |
| | 외부 인터럽트 6 or 타이머/카운터3 클럭 입력 |
| | 외부 인터럽트 5 or OC3C |
| | 외부 인터럽트 4 or OC3B |
| | 아날로그 비교기 입력 |
| | 아날로그 비교기 입력 |
| | TXD0 |
| | RXD0 |
| F<br>A/D 컨버터나 JTAG 인터페이스 기능을 위한 신호들로 동작 | ADC7 or JTAG Test Data Input |
| | ADC6 or JTAG Test Data Output |
| | ADC5 or JTAG Test Mode Selcet |
| | ADC4 or JTAG Test Clock |
| | ADC3 |
| | ADC2 |
| | ADC1 |
| | ADC0 |
| G<br>5비트만 유효하며 외부 메모리 인터페이스나 타이머 카운터/기능을 위한 신호들로 동작 | |
| | Tosc1 |
| | Tosc2 |
| | ALE |
| | RD |
| | WR |

## 3 실험

### 3.1 예비보고서

1) 각 포트에 대한 I/O메모리 어드레스 3가지에 대해 상세히 서술하라.
2) 포트D, 포트F의 부가기능을 설명하라.
3) 실험1의 프로그램의 의미를 확인하고 주석을 작성하라.

## 3.2 실험내용

- **실험1**

ATmega128의 PORTB의 0번과 2번에 LED가 연결되어 있고, 7번에 부저가 연결되어 있다. LED가 0.5초 간격으로 10번 깜박이게 되면 부저가 울리도록 제어해 보자.
(PORTB 0번~2번에 각각 LED를 연결, PORTB 7번에 부저연결)

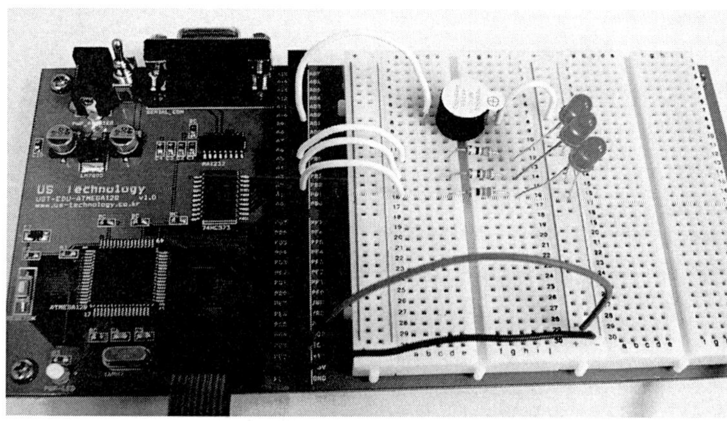

그림 3-1 I/O포트 및 LED테스트

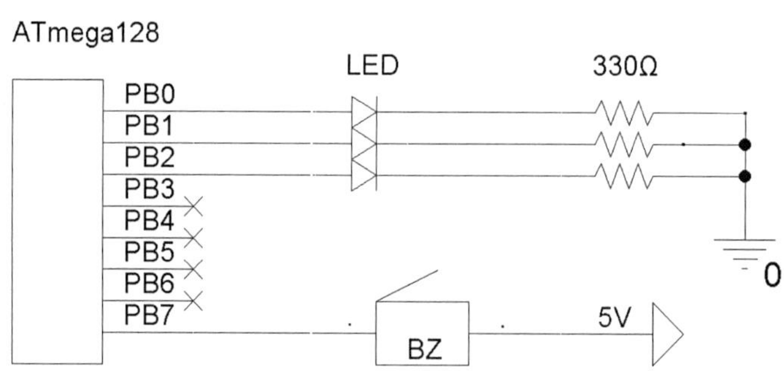


그림 3-2 LED연결도

1) 다음 프로그램을 작성하라.

```
---------- LED.c ----------

#include<avr/io.h>
#include<avr/iom128.h>
```

```
#include"delay.h"
void port_init(void)
{
    DDRB = 0xff;
    PORTB = 0xf0;
}

int main(void)
{
    port_init();
    int a=0;
    while(1)
    {
        PORTB = 0xff;
        Delay_ms(500);
        PORTB = 0xf0;
        Delay_ms(500);
        a++;
        if(a==10)
        {
            PORTB = 0x7f;
            Delay_ms(500);
            a=0;
        }
    }
    return 0;
}
```

2) 컴파일 하고, 생성된 hex파일을 Atmega128로 다운로드 하여라.

3) 실험보드의 PORTB0~2번에 LED를 각각 연결하고 프로그램 작동을 확인 하여라.

- **실험2**

1) 실험보드에 LED 3개를 연결하고, 왼쪽에서 오른쪽으로 차례로 점등되는 프로그램

을 작성하라.

2) 실험보드에 LED 3개를 연결하고, LED 3개를 이용하여 2진수 0에서 7까지를 표현하라.

- **실험3**

1) 실험보드에 LED_BAR를 연결하고, 점등하는 프로그램을 작성하여라.
2) 실험보드에 LED_BAR를 연결하고, 오른쪽에서 왼쪽으로 차례대로 점등되는 프로그램을 작성하라.
3) 실험보드에 LED_BAR를 연결하고, 0에서 255까지 2진수로 표현하는 프로그램을 작성하라.

- **창의적공학설계**

1) LED를 이용하여 하트를 만들어보라.
2) LED를 이용하여 각자 다양한 형태의 모양을 만들어보자.

실험 04

# 7-Segment 이론교육 및 실습

## 1 실험의 목적

7-Segment를 이용하여 Display방법을 알고 I/O포트를 좀 더 자세히 활용해보자.

## 2 기초내용

### 2.1 7-Segment 이해

7447은 코먼 애노드 (common anode) 타입의 7-Segment LED의 구동에 적합한 IC로 디스플레이 디코더 드라이버로 많이 사용된다. 입력단자(A~D)에 BCD코드로 수치를 입력하면 그 수치에 따른 출력이 각 Segment의 출력 단자 a~g에 표시된다. 또한 오픈 콜렉터 방식의 출력을 가지고 있어 직접 7-Segment LED를 구동할 수 있다. 7-Segment LED는 1.7-3.3V의 전압에서 동작하므로, 전류는 10-20mA 정도 흐르도록 전류 제한 저항을 접속하여 사용해야 한다.

7447의 LT(램프 테스트) 단자가 "L" 일 때 입력에 관계없이 a~g의 모든 출력이 "L"로 되어 모든 세그먼트를 점등시킨다. 이 단자를 이용하면 세그먼트의 이상 유무를 판별할 수 있다.

RBI(리플 블랭킹 입력) 단자는 7447을 다단으로 접속하여 사용하는 경우 다음단의 BI/RBO(블랭킹 입력/리플 블랭킹 출력)과 연결되어 유효 자리 수 이상의 불필요한 숫자를 소등시킬 수 있다. 즉 7-Segment LED의 출력이 07과 같이 디스플레이 되는 경우 상위 자리의 0은 의미가 없다. 따라서 이 0을 소등시킬 때 이용한다. 이 경우 LT를 제외한 모든 입력은 "L"이 되어야 한다.

BI/RBO단자가 "L"일 때는 입력에 관계없이 모든 출력이 "H"가 되어 모든 세그먼트를 소등시킨다. 또한 이단자에 펄스를 가하여 LED의 밝기를 조절할 수가 있다.

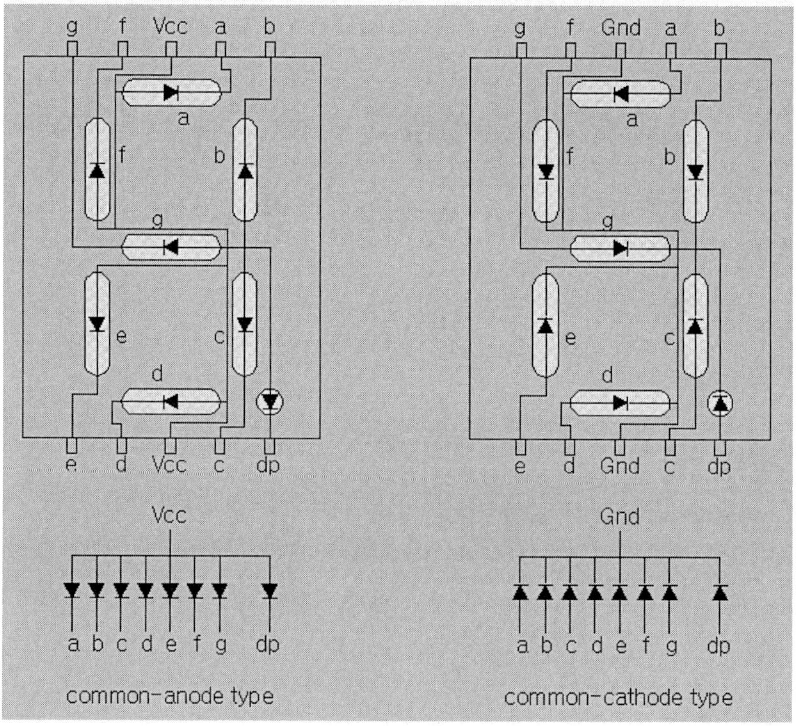


그림 4-1 FND 내부 구조도

## 2.2 7-Segment 숫자표시

7-Segment는 8개의 LED를 묶어 한 개의 소자로 만든 것이다. 일반 LED 한 개를 가지고는 ON/OFF 밖에는 표현이 불가능하지만 7-Segment는 LED를 [그림 4-1]과 같이 배열하여 숫자(0~9) 및 특정 문자(A~F) 표현이 가능하다.

7-Segment는 크게 2가지 형태로 구분이 되는데 common-anode 형과 common-cathode 형태이다. 이것은 공통 단자가 Vcc 또는 Gnd 인지에 따라 구분이 된다. 앞에서 말했듯이 7-Segment는 LED 8개를 묶은 것과 같은데, LED는 극성이 있는 소자이다. LED 8개를 모으면 Vcc 핀 8개, Gnd 핀 8개씩 하여 총 16개의 핀이 되는데 그렇게 하면 연결해야 될 핀이 너무 많아지기 때문에 7-Segment는 Vcc 또는 Gnd 8개를 내부적으로 공통으로 연결하여 외부적으로는 연결해야 할 핀의 수를 줄여 놓았다. [표 4-1]에는 숫자 및 문자를 7-Segment에 표현하기 위해 필요한 제어 신호를 나타내었다.

| 애노드 공통(A형) | | | | | | | | | |
|---|---|---|---|---|---|---|---|---|---|
| 비트 | D0 | D1 | D2 | D3 | D4 | D5 | D6 | D7 | 16진수 데이터 |
| 표시숫자 | a | b | c | d | e | f | g | dot | |
| 0 | 0 | 0 | 0 | 0 | 0 | 0 | 1 | 1 | 0xC0 |
| 1 | 1 | 0 | 0 | 1 | 1 | 1 | 1 | 1 | 0xF9 |
| 2 | 0 | 0 | 1 | 0 | 0 | 1 | 0 | 1 | 0xA4 |
| 3 | 0 | 0 | 0 | 0 | 1 | 1 | 0 | 1 | 0xB0 |
| 4 | 1 | 0 | 0 | 1 | 1 | 0 | 0 | 1 | 0x99 |
| 5 | 0 | 1 | 0 | 0 | 1 | 0 | 0 | 1 | 0x92 |
| 6 | 0 | 1 | 0 | 0 | 0 | 0 | 0 | 1 | 0x82 |
| 7 | 0 | 0 | 0 | 1 | 1 | 1 | 1 | 1 | 0xF8 |
| 8 | 0 | 0 | 0 | 0 | 0 | 0 | 0 | 1 | 0x80 |
| 9 | 0 | 0 | 0 | 0 | 1 | 0 | 0 | 1 | 0x90 |
| A | 0 | 0 | 0 | 1 | 0 | 0 | 0 | 1 | 0x88 |
| b | 1 | 1 | 0 | 0 | 0 | 0 | 0 | 1 | 0x83 |
| C | 0 | 1 | 1 | 0 | 0 | 1 | 1 | 1 | 0xC6 |
| d | 1 | 0 | 0 | 0 | 0 | 0 | 0 | 1 | 0xA1 |
| E | 0 | 1 | 1 | 0 | 0 | 0 | 0 | 1 | 0x86 |
| F | 0 | 1 | 1 | 1 | 0 | 0 | 0 | 1 | 0x8E |
| | | | | | | | | | |

| 캐소드 공통(K형) | | | | | | | | | |
|---|---|---|---|---|---|---|---|---|---|
| 비트 | D0 | D1 | D2 | D3 | D4 | D5 | D6 | D7 | 16진수 데이터 |
| 표시숫자 | a | b | c | d | e | f | g | dot | |
| 0 | 1 | 1 | 1 | 1 | 1 | 1 | 0 | 0 | 0x3F |
| 1 | 0 | 1 | 1 | 0 | 0 | 0 | 0 | 0 | 0x06 |
| 2 | 1 | 1 | 0 | 1 | 1 | 0 | 1 | 0 | 0x5B |
| 3 | 1 | 1 | 1 | 1 | 0 | 0 | 1 | 0 | 0x4F |
| 4 | 0 | 1 | 1 | 0 | 0 | 1 | 1 | 0 | 0x66 |
| 5 | 1 | 0 | 1 | 1 | 0 | 1 | 1 | 0 | 0x6D |
| 6 | 1 | 0 | 1 | 1 | 1 | 1 | 1 | 0 | 0x7D |
| 7 | 1 | 1 | 1 | 0 | 0 | 0 | 0 | 0 | 0x07 |
| 8 | 1 | 1 | 1 | 1 | 1 | 1 | 1 | 0 | 0x7F |
| 9 | 1 | 1 | 1 | 1 | 0 | 1 | 1 | 0 | 0x6F |
| A | 1 | 1 | 1 | 0 | 1 | 1 | 1 | 0 | 0x77 |
| b | 0 | 0 | 1 | 1 | 1 | 1 | 1 | 0 | 9x7C |
| C | 1 | 0 | 0 | 1 | 1 | 1 | 0 | 0 | 0x39 |
| d | 0 | 1 | 1 | 1 | 1 | 0 | 1 | 0 | 0x5E |
| E | 1 | 0 | 0 | 1 | 1 | 1 | 1 | 0 | 0x79 |
| F | 1 | 0 | 0 | 0 | 1 | 1 | 1 | 0 | 0x71 |

표 4-1 FND에서 16진수를 표시하기 위한 신호

# 3 실험

## 3.1 예비보고서

1) 7-Segment의 종류와 하드웨어 구성에 대해 서술하라.
2) 2개 이상의 7-Segment를 이용할 때 I/O포트를 줄일 수 있는 방법을 생각해보자.
3) 1개의 7-Segment의 LED data를 a~dp까지 ON시키는 프로그램을 작성하라.

## 3.2 실험내용

- 실험1

ATmega128의 PORTF에 7-Segment의 data핀이 연결되어있고, PORTD의 하위4비트와 7-Segment의 4개의 common단자가 각각 연결되어있다.

4개의 7-Segment의 common단자를 각각 제어하여 0부터 F까지 4개의 7-Segment에 동일하게 출력되도록 해보자.

그림 4-2 7-Segment에 0~F까지 출력

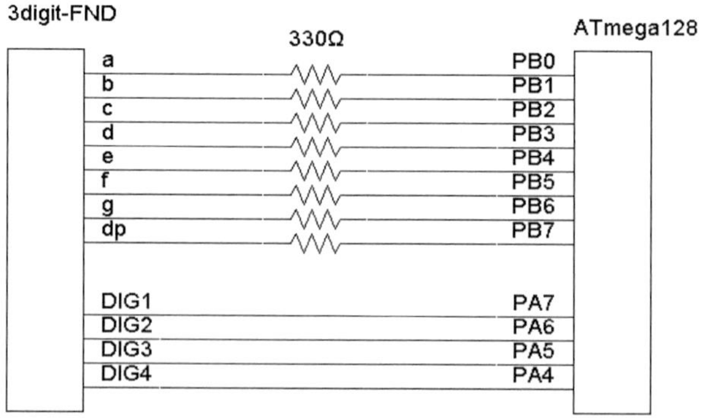


그림 4-3 7-Segment 연결도

1) 다음의 프로그램을 작성하라.

```
---------- FND.c ----------

#include <avr/io.h>
#include <avr/iom128.h>
#include "delay.h"
char fnd_data[16]=
 {0x40, 0x79, 0x24, 0x30, 0x19, 0x12, 0x02, 0x58,
  0x00, 0x18, 0x08, 0x03, 0x46, 0x21, 0x06, 0x0e};

void port_init(void)
{
    DDRF = 0XFF;
    PORTF = 0XFF;
    DDRD = 0xFF;
    PORTD = 0XFF;
}

int main(void)
{
    int i,j,k;
    port_init();
    while(1)
    {
        PORTD = 0x7F;
        for(i=0;i<16;i++)
        {
            for(k=0;k<100;k++)
            {
                for(j=0;j<4;j++)
                {
                    PORTD = 0x10<<j;
                    PORTF = fnd_data[i];
                    Delay_ms(5);
                }
```

```
                }
            }
        }
        return 0;
    }
```

2) 프로그램의 의미를 확인하고 주석을 작성하라.

3) 실험보드의 7-Segment의 상태를 확인하라.

- **실험2**

1) 7-Segment에 1~99까지 실행되도록 소스파일을 작성하라.

2) 숫자가 1씩 증가할 때마다 LED가 쉬프트 하는 프로그램을 작성하라.

- **창의적 설계**

1) 7-Segment 4개를 이용하여 시계를 만들어보자.

2) 정확한 시간이 나오는지 확인하고 나오지 않는다면 이유를 알아보자.

실험 05

# CHARACTER LCD INTERFACE 교육 및 실습

## 1 실험의 목적

종래의 7-Segment LED가 아라비아 숫자 및 16진수에 필요한 A~F 정도의 문자를 겨우 표현할 수 있는데 비하여, LCD모듈은 모든 ASCII 문자들을 비교적 자세히 표현할 수 있으므로 오늘날 전기/전자기기의 간단한 문자표시용 출력장치에 널리 사용된다.

이번 실험을 통해 LED와 LCD의 장, 단점을 이해하고, LCD모듈의 활용법을 습득한다.

## 2 기초내용

### 2.1 LCD 모듈 외부 인터페이스와 기능

1. 텍스트 LCD: LCD 판넬과 LCD 컨트롤러 및 드라이버 IC를 1개의 기판에 모두 장착하여 하나의 일체형 단일부품으로 만든 소자로서, 지정된 각 위치에 도트 매트릭스(dot matrix) 방식으로 ASCII 문자를 표시할 수 있는 텍스트형과 그래픽 방식으로 화면을 표시할 수 있는 그래픽형이 있다.

   텍스트형은 표시문자가 ASCII 문자 정도로 제한되는 단점이 있으나, 대부분의 경우에 그 구조가 간단하고 사용방법이 거의 표준화되어 있어 매우 편리하므로 현재까지 널리 사용되어 오고 있다. 이에 비하여 그래픽형은 영문 ASCII 문자 이외에 한글이나 한자까지 자유롭게 표시할 수 있고 그밖에도 임의의 도형을 표시할 수 있으므로 점차로 그 사용이 증가하고 있다. 그러나, 그래픽형은 상대적으로 구조가 복잡하고 제조회사나 모델에 따라 구조와 사용방법이 상당이 다른 경우가 많아서 사용이 불편하고 프로그래밍 과정이 번거롭다는 단점이 있다.

또한, 화면의 해상도가 높은 만큼 외형의 크기도 그래픽형이 상대적으로 크며 가격도 텍스트형에 비하여 그래픽형이 상당히 비싼 편이다.

다음 [표 5-1]은 일반적인 텍스트형 LCD모듈의 특징을 나열한 것이다.

| | |
|---|---|
| 1 | +5V의 단일 전원으로 동작한다. |
| 2 | 1개의 칩에 CG(Character Generator) ROM, CG RAM, DD(Display Data), RAM 등 내장한 LCD컨트롤러 및 드라이버 LSI를 사용하므로 전체적인 크기가 작아 사용이 편리하다. |
| 3 | 마이크로프로세서와의 인터페이스가 거의 표준화되어 있으며, 8비트 또는 4비트 데이터 버스로 접속할 수 있다. 그러나 LCD 모듈은 일반적인 I/ODLSXJVPDLTMDYDDML 반도체 소자들에 비하면 액세스시간이 상당히 길어서 동작이 느리므로 접속에 유의해야 한다. |
| 4 | 내부 제어 명령이 거의 표준화되어 있어서 제조회사나 모델에 상관없이 동일한 방법으로 초기화하고 구동할 수 있다. |
| 5 | 일반적인 영문 ASCII 문자를 모두 표시 할수 있으며, 최대 9개까지의 사용자 정의 문자를 만들어 사용할 수도 있다. |
| 6 | 문자를 표시할 때 커서의 위치가 자동으로 증가하며, 커서를 임의의 위치로 이동시킬 수도 있다. 커서또한 보이거나 보이지 않게 설정할 수 있다. |
| 7 | DD RAM과 CG RAM에 CPU가 데이터를 쓰는 것은 물론이고 그 내용을 읽어 들일 수도 있다. |

표 5-1 일반적인 텍스트형 LCD 모듈의 특징

2. 외부 구조는 LCD 모듈에서 가장 많이 사용되는 형태로 14핀의 커넥터가 좌측 상단에 위치하며, 백라이트가 있는 모델의 경우에는 이를 위한 2개의 핀이 LCD 모듈의 우측 또는 좌측편에 위치한다. 다음 [표 5-2]은 텍스트형 LCD 모듈의 인터페이스와 커넥터 핀의 기능이다.

3. 동작 타이밍: LCD 모듈을 마이크로프로세서와 접속할 때는 각 제어신호의 동작 타이밍을 세심하게 고려하여야 한다. LCD 모듈은 일반적인 주변 LSI들에 비하여 제어 신호의 동작이 다소 특이하고 동작시간이 상당히 느린 편이므로 이를 마이크로프로세서에 접속할 때는 인터페이스 회로를 주의하여 설계하여야 한다. 다음 [그림 5-1]은 텍스트형 LCD 모듈의 동작 타이밍이다.

| 핀 | 신호명 | 기능 |
|---|---|---|
| 1 | Vss | 전원 GND |
| 2 | Vdd | 전원 +5V |
| 3 | Vo | 화면 밝기 제어 동작전압,<br>(Vdd−Vo = 4.2~4.6V) |
| 4 | Rs | Register Select<br>(1= data register, 0=instruction register) |
| 5 | R/W' | Read/Write ( 1=CPU←LCD, 0=CPU→LCD) |
| 6 | E | Enable signal for read/write LCD |
| 7 | DB0 | LSB |
| 8 | DB1 | 데이터 버스<br>(4비트 인터페이스 모드에서는 DB7~DB4를 사용) |
| 9 | DB2 | |
| 10 | DB3 | |
| 11 | DB4 | |
| 12 | DB5 | |
| 13 | DB6 | |
| 14 | DB7 | MSB |
| 15 | A/EL 1 | Anode: +LED |
| 16 | K/EL 2 | Cathode: +LED |

표 5-2 텍스트 LCD 핀 배열

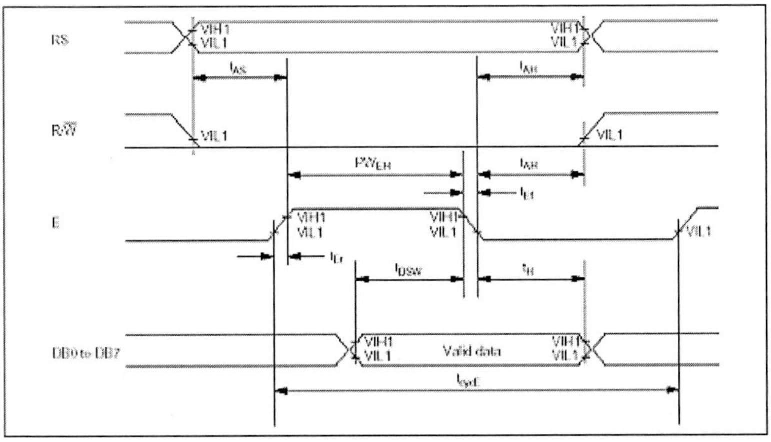


그림 5-1 텍스트 LCD 타이밍도

4. 제어 명령: LCD 모듈을 제어하는 명령은 DB0~DB7을 통하여 전송된다. LCD 모듈이 각 명령을 받아 이를 실행하는데 지정된 길이의 시간이 필요하므로 CPU는 그 다음의 명령이나 데이터를 보내기 전에 충분히 시간지연을 주어 대기하거나, 또는 LCD 모듈의 상태를 읽고 busy flag를 조사하여 앞에서 전송한 제어 명령의 실행이 완료되었는지의 여부를 확인하여야 한다. 다음 [표 5-3]는 텍스트형 LCD 모듈을 사용하기 위한 제어 명령을 정리한 것이다.

| 기 능 | 제어신호 | | 제 어 명 령 | | | | | | | | 실생시간 |
|---|---|---|---|---|---|---|---|---|---|---|---|
| | | | DB7 | DB6 | DB5 | DB4 | DB3 | DB2 | DB1 | DB0 | (Max.) |
| 1 Clear display | 0 | 0 | 0 | 0 | 0 | 0 | 0 | 0 | 0 | 1 | 1.52ms |
| 2 Return home | 0 | 0 | 0 | 0 | 0 | 0 | 0 | 0 | 1 | – | 1.52ms |
| 3 Entry mode set | 0 | 0 | 0 | 0 | 0 | 0 | 0 | 1 | I/D | S | 37us |
| 4 Display ON/OFF control | 0 | 0 | 0 | 0 | 0 | 0 | 1 | D | C | B | 37us |
| 5 Cursor or display shift | 0 | 0 | 0 | 0 | 0 | 1 | S/C | R/L | – | – | 37us |
| 6 Function set | 0 | 0 | 0 | 0 | 1 | DL | N | F | – | – | 37us |
| 7 Set CG RAM address | 0 | 0 | 0 | 1 | CG RAM address | | | | | | 37us |
| 8 Set DD RAM address | 0 | 0 | 1 | DD RAM address | | | | | | | 37us |
| 9 Read busy flag and address | 0 | 1 | BF | Address Counter | | | | | | | 0us |
| Data write to CG RAM or DD RAM | 1 | 0 | write data | | | | | | | | 41us |
| Data read from CG RAM or DD RAM | 1 | 1 | read data | | | | | | | | 41us |

표 5-3 LCD 제어 명령

5. 텍스트 LCD의 표시 문자: 텍스트형 LCD 모듈에서 기본적으로 화면에 표시할 수 있는 문자의 종류와 그 코드 값들은 다음 [그림 5-2]와 같다.

6. 텍스트 LCD의 초기화 순서: CPU와 텍스트형 LCD 모듈 사이에 8비트 데이터 버스를 사용하여 인터페이스한 경우에 LCD 모듈에 전원을 투입하고 나서 이를 초기화하여 사용하는 과정을 요약하면 다음 [표 5-4]과 같으며 4비트 데이터 버스를 사용하여 인터페이스 할 경우의 초기화 순서는 [표 5-5]과 같다.

그림 5-2 캐릭터 LCD 문자표

| | |
|---|---|
| 1 | 전원을 투입하거나 리셋 스위치를 누른다. |
| 2 | 초기화를 수행하기 전에 최소한 30ms 이상을 기다린다. |
| 3 | Function set 명령(0011 ****B)를 보내고, 4.1ms 이상을 기다린 후에 다시 Function set 명령(0011 ****B)df 보내며, 100us 이상을 기다린 후에 다시 한 번 Function set 명령 (0011 ****B)을 보낸다. 이상의 3회 라이트 동작에는 비지체크를 수행하면 안 된다. (*는 don't care) |
| 4 | Function set 명령(0011xx00B)을 보낸다. |
| 5 | Display ON/OFF control 명령 (00001xxB)을 보낸다. |
| 6 | Entry mode set 명령 (000001xxB)을 보낸다. |
| 7 | DD RAM 어드레스를 보낸다. |
| 8 | 표시할 문자 데이터를 보낸다. |
| 9 | 필요에 따라 7~8의 과정을 반복한다. |

표 5-4 8비트 데이터 버스를 사용한 초기화 순서

| | |
|---|---|
| 1 | 전원을 투입하거나 리셋 스위치를 누른다. |
| 2 | 초기화를 수행하기 전에 최소한 30ms 이상을 기다린다. |
| 3 | Function set 명령(0011 ****B)를 보내고, 4.1ms 이상을 기다린 후에 다시 Function set 명령(0011 ****B)df 보내며, 100us 이상을 기다린 후에 다시 한 번 Function set 명령 (0011 ****B)을 보낸다. 이상의 3회 라이트 동작에는 비지체크를 수행하면 안 된다. (*는 don't care) |
| 4 | Function set 명령(0010xxxxB)을 8비트로 보낸다. |
| 5 | Function set 명령(0010xx00B)을 상위 4비트와 하위 4비트로 나누어 각각 DB7~DB4로 보낸다. |
| 6 | Display ON/OFF control 명령 (00001xxB)을 상위 4비트와 하위 4비트로 나누어 각각 DB7~DB4로 보낸다. |
| 7 | Entry mode set 명령 (000001xxB)을 상위 4비트와 하위 4비트로 나누어 각각 DB7~DB4로 보낸다. |
| 8 | DD RAM 어드레스를 상위 4비트와 하위 4비트로 나누어 각각 DB7~DB4로 보낸다. |
| 9 | 표시할 문자 데이터를 상위 4비트와 하위 4비트로 나누어 각각 DB7~DB4로 보낸다. |
| 10 | 필요에 따라 8~9의 과정을 반복한다. |

표 5-5 4비트 데이터 버스를 사용한 초기화 순서

# 3 실험

## 3.1 예비보고서

1) LCD모듈 외부 인터페이스 커넥터 핀과 기능을 알아보자.
2) LCD모듈 초기화 프로그래밍 순서를 알아보자.
3) LCD를 초기화하는 프로그램을 작성하여 보자.

## 3.2 실험내용

- 실험1

다음은 16×2 CHARACTER LCD 모듈에 문자를 표시하는 프로그램이다. CHARACTER LCD 모듈의 2줄에 문자를 표시하는 프로그램을 작성해보자.

그림 5-3 CHARACTER LCD모듈 실습

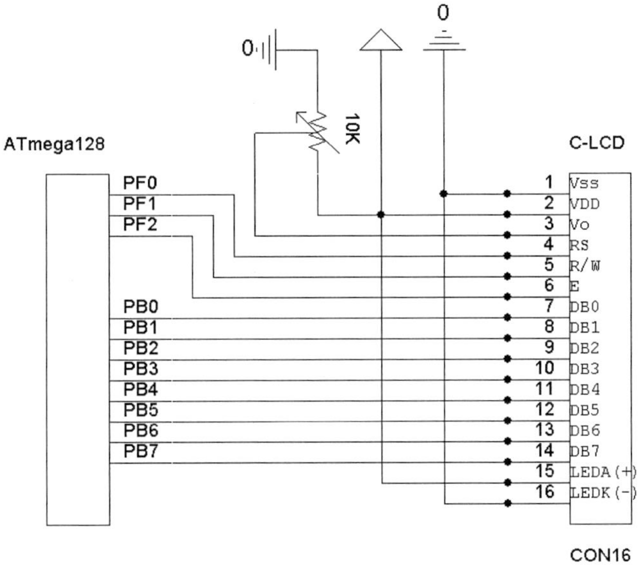


그림 5-4 CLCD 연결도

1) 아래의 프로그램을 작성하여라.

```
---------- CLCD.h ----------
/*
DATA        : PORTB0~7
RS          : PORTF0
R/W         : PORTF1
E           : PORTF2
*/
```

```
---------- CLCD.h ----------
/*
DATA        : PORTB0~7
RS          : PORTF0
R/W         : PORTF1
E           : PORTF2
*/

typedef unsigned char UC;
typedef unsigned int  UI;

// for LCD Functions.
#define EN_1  (PORTF |= 0x04)
#define EN_0  (PORTF &= 0xFB)

// Common Functions.
void delay_us(UI time_us);
void delay_ms(UI time_ms);

// LCD Functions.
void LCD_put_inst(UC buf);
void LCD_put_data(UC buf);
void LCD_init(void);
void LCD_set_cursor(char row, char column);
void LCD_put_string (char row, char column ,unsigned
char *string);
void LCD_DisplayChar(char row, char column ,UC a);

void delay_us(UI time_us)
{
    UI i;
for(i=0; i<time_us; i++) // 4 cycle +
    {
        asm("PUSH R0"); // 2 cycle +
        asm("POP R0"); // 2 cycle +
        asm("PUSH R0"); // 2 cycle +
```

```
            asm("POP R0"); // 2 cycle + =12 cycle for
11.0592MHZ
        asm("PUSH R0"); // 2 cycle +
        asm("POP R0"); // 2 cycle = 16 cycle = 1us for
16MHz
    }
}

void delay_ms(UI time_ms)
{
    UI i;
    for(i=0; i<time_ms;i++)
        delay_us(1000);
}

void LCD_put_inst(UC buf)
{
    PORTB=buf;
    EN_1;
    EN_0;
    delay_ms(2);
}
void LCD_put_data(UC buf)
{
    PORTB=buf;
    PORTF |= 0x01;
    EN_1;
    EN_0;
    PORTF &= 0xfe;
    delay_ms(2);
}

void LCD_init(void)
{
    DDRF = 0x07;
    PORTF = 0x00;
```

```
    DDRB = 0xff;
    PORTB = 0xff;
    delay_ms(15);

    // 16*2, 8bit bus, 5*7 dots
    LCD_put_inst(0x38);
   delay_ms(2);
    LCD_put_inst(0x38);
   delay_ms(2);
    LCD_put_inst(0x0c); // display on, cursor on, blink
off
    LCD_put_inst(0x06); // entry mode set
    LCD_put_inst(0x01); // clear screen
}

void LCD_set_cursor(char row, char column)
{
    switch (row){
            case  1:  LCD_put_inst(0x80  +  column  -  1);
                break;
            case  2:  LCD_put_inst(0xc0  +  column  -  1);
                break;
            default: break;
    }
}

void LCD_put_string(char row, char column, unsigned char
*string)
{
   LCD_set_cursor (row, column);

    while(*string)
    {
       LCD_put_data(*string++);
    }
}
```

```
void LCD_DisplayChar(char row, char column, UC a)
{
    LCD_set_cursor (row, column);
    LCD_put_data(a);
    delay_us(3);
}


---------- CLCD.c ----------
#include <avr/io.h>
#include <avr/iom128.h>
#include <avr/interrupt.h>

#include "delay.h"
#include "CLCD.h"
int main()
{
     LCD_init();
     LCD_put_string(1, 1, "CLCD1_test");
     LCD_put_string(2, 1, "CLDC2_test");
     while(1)
     return 0;
}
```

2) 절차 1)의 프로그램을 이해하고 주석으로 표시하라.
3) 실험보드에 프로그램을 다운로드한 후 상태를 확인하라.

- **실험2**

1) 학번과 이름을 LCD에 출력되는 프로그램을 작성하라.
2) 학번과 이름을 오른쪽으로 쉬프트 되는 프로그램을 작성하라.
2) 실험보드에 프로그램을 다운로드한 후 상태를 확인하라.

- **실험3**

1) 1부터 99까지 증가하는 프로그램을 작성 후, 7-Segment와 LCD에 출력되도록 프로그램을 수정하라.

2) 실험보드에 프로그램을 다운로드한 후 상태를 확인하라.

- **창의적 공학설계**

1) 텍스트 LCD를 이용하여 디지털시계를 설계하여보자.
2) 자신을 홍보할 수 있는 광고판을 설계해 보자.

실험 06

# GLCD 활용 교육 및 풀업저항의 이해

## 1 실험의 목적

그래픽 LCD와 텍스트 LCD의 차이점을 이해하고 LCD를 활용하여 창의적인 공학설계를 실행해보자. 또 풀업, 풀다운 저항의 필요성을 이해하고 직접실험으로 결과를 확인하도록 하자.

## 2 기초내용

### 2.1 그래픽 LCD

그림을 LCD창에 띄우는 방법은 배열을 만들어 위치에 맞게 뿌려주기만 하면 되지만, 문자를 띄우는 방법은 그리 간단치가 않다.

HG12602GLCD는 컨트롤러가 없는 타입이라, ASCII문자와 한글의 초성과 중성, 종성을 모두 배열로 만들어 사용한다. ASCII문자만을 출력 할 때는 전체 LCD를 6×8문자박스에 5×7도트로 문자를 표현하면 되므로 가로로 4비트의 빈 공간을 남겨두고 20자를 표현 할 수 있으며 세로로 8줄의 글자를 표현할 수 있다.

이는 헤더파일에서 각 ASCII문자의 배열을 미리 정의 하여놓고, 코드로 원하는 문자의 배열을 찾아가는 방법이다. ASCII문자를 [표 6-1]에 보였다.

그러나 한글을 표현할 때는 또 다른 문제가 발생한다. 우리 한글은 영어나 일어와는 달리 초성, 중성, 종성을 조합하여 한문자로 인식하는 조합형문자이므로 여기에는 여러가지 문제가 따른다.

일단 초성과 중성이 와야 하며 그다음에 종성의 유무에 따라 글자들이 많은 모양의 차이를 보이며 영어의 6×8문자 박스에 모두를 나타낼 수 없으며 8×16문자박스를 사용하여야 한다. 한글의 초성은 19자이며, 중성은 21자, 종성은 27이므로 모두 5bit로 나타낼 수 있으므로 2byte면 모두 나타낼 수 있다. 그리고 최상위비트는 한글임을 나타낸다.

| 코드값 | 문자 | 코드값 | 문자 | 코드값 | 문자 | 코드값 | 문자 |
|---|---|---|---|---|---|---|---|
| 00H | NUL | 20H | space | 40H | @ | 60H | ' |
| 01H | SOH | 21H | ! | 41H | A | 61H | a |
| 02H | STX | 22H | " | 42H | B | 62H | b |
| 03H | ETX | 23H | # | 43H | C | 63H | C |
| 04H | EOT | 24H | $ | 44H | D | 64H | d |
| 05H | ENQ | 25H | % | 45H | E | 65H | e |
| 06H | ACK | 26H | & | 46H | F | 66H | f |
| 07H | BEL | 27H | ' | 47H | G | 67H | g |
| 08H | BS | 28H | ( | 48H | H | 68H | h |
| 09H | HT | 29H | ) | 49H | I | 69H | i |
| 0AH | LF | 2AH | * | 4AH | J | 6AH | j |
| 0BH | VT | 2BH | + | 4BH | K | 6BH | k |
| 0CH | FF | 2CH | , | 4CH | L | 6CH | l |
| 0DH | CR | 2DH | − | 4DH | M | 6DH | m |
| 0EH | SO | 2EH | . | 4EH | N | 6EH | n |
| 0FH | SI | 2FH | / | 4FH | O | 6FH | o |
| 10H | DLE | 30H | 0 | 50H | P | 70H | p |
| 11H | DC1 | 31H | 1 | 51H | Q | 71H | q |
| 12H | DC2 | 32H | 2 | 52H | R | 72H | r |
| 13H | DC3 | 33H | 3 | 53H | S | 73H | s |
| 14H | DC4 | 34H | 4 | 54H | T | 74H | t |
| 15H | NAK | 35H | 5 | 55H | U | 75H | u |
| 16H | SYN | 36H | 6 | 56H | V | 76H | v |
| 17H | ETB | 37H | 7 | 57H | W | 77H | w |
| 18H | CAN | 38H | 8 | 58H | X | 78H | x |
| 19H | EM | 39H | 9 | 59H | Y | 79H | y |
| 1AH | SUB | 3AH | : | 5AH | Z | 7AH | x |
| 1BH | ESC | 3BH | ; | 5BH | [ | 7BH | { |
| 1CH | FS | 3CH | 〈 | 5CH | \ | 7CH | \| |
| 1DH | GS | 3DH | = | 5DH | ] | 7DH | } |
| 1EH | RS | 3EH | 〉 | 5EH | ^ | 7EH | ~ |
| 1FH | US | 3FH | ? | 5FH | _ | 7FH | DEL |

표 6-1 ASCII 코드 표

| 비트값 | | 초 성 | 중 성 | 종 성 |
|---|---|---|---|---|
| 10진수 | 2진수 | | | |
| 0 | 00000 | | | |
| 1 | 00001 | fill code | | fill code |
| 2 | 00010 | ㄱ | fill code | ㄱ |
| 3 | 00011 | ㄲ | ㅏ | ㄲ |
| 4 | 00100 | ㄴ | ㅐ | ㄳ |
| 5 | 00101 | ㄷ | ㅑ | ㄴ |
| 6 | 00110 | ㄸ | ㅒ | ㄵ |
| 7 | 00111 | ㄹ | ㅓ | ㄶ |
| 8 | 01000 | ㅁ | | ㄷ |
| 9 | 01001 | ㅂ | | ㄹ |
| 10 | 01010 | ㅃ | ㅔ | ㄺ |
| 11 | 01011 | ㅅ | ㅕ | ㄻ |
| 12 | 01100 | ㅆ | ㅖ | ㄼ |
| 13 | 01101 | ㅇ | ㅗ | ㄽ |
| 14 | 01110 | ㅈ | ㅘ | ㄾ |
| 15 | 01111 | ㅉ | ㅙ | ㄿ |
| 16 | 10000 | ㅊ | | ㅀ |
| 17 | 10001 | ㅋ | | ㅁ |
| 18 | 10010 | ㅌ | ㅚ | |
| 19 | 10011 | ㅍ | ㅛ | ㅂ |
| 20 | 10100 | ㅎ | ㅜ | ㅄ |
| 21 | 10101 | (한자) | ㅝ | ㅅ |
| 22 | 10110 | (한자) | ㅞ | ㅆ |
| 23 | 10111 | (한자) | ㅟ | ㅇ |
| 24 | 11000 | (한자) | | ㅈ |
| 25 | 11001 | (한자) | | ㅊ |
| 26 | 11010 | (한자) | ㅠ | ㅋ |
| 27 | 11011 | (한자) | ㅡ | ㅌ |
| 28 | 11100 | (한자) | ㅢ | ㅍ |
| 29 | 11101 | (한자) | ㅣ | ㅎ |
| 30 | 11110 | (한자) | | |
| 31 | 11111 | | | |

표 6-2 한글 표현 방식

## 3 실험

### 3.1 예비보고서

1) 그래픽 LCD의 하드웨어 구성을 알아보자.
2) 그래픽 LCD 초기화 프로그램을 작성하라.
3) 그래픽 LCD를 이용하는 창의적인 공학 작품 아이디어를 구상해보자.

### 3.2 실험내용

- 실험1

ATmega128의 PORTB에 GRAPHIC LCD의 Control_Bus를, PORTA에 DATA_Bus를 연결하여 GRAPHIC LCD모듈에 문자를 표시하는 프로그램을 작성해보자.

그림 6-1 GRAPHIC LCD모듈 실습

1) 아래의 프로그램을 작성하라.

```
---------- GLCD.c ----------

#include<avr/io.h>
#include<avr/iom128.h>

#include"delay.h"
```

```
#include"g_lcd.h"

void port_init(void)
{
	DDRA = 0xff;  //G_LCD DB : PORTA
	PORTA = 0x00;
	DDRB = 0xff;  //sw 1~4: input, sw 5~8: output
	PORTB = 0x00;
}

int main(void)
{
	port_init();
	GLCD_command(0xC0, 0x3f);
	Delay_us(250);
	GLCD_clear();
	GLCD_string(0, 0, " 2009 - 04 - 07");
	GLCD_string(1, 0, "멨퇫?쵦??基");
	while(1);
}
```

2) 프로그램을 이해하고 주석으로 상세히 표시하라.

3) 실험보드에 프로그램을 다운로드 한 후 상태를 확인해보자.

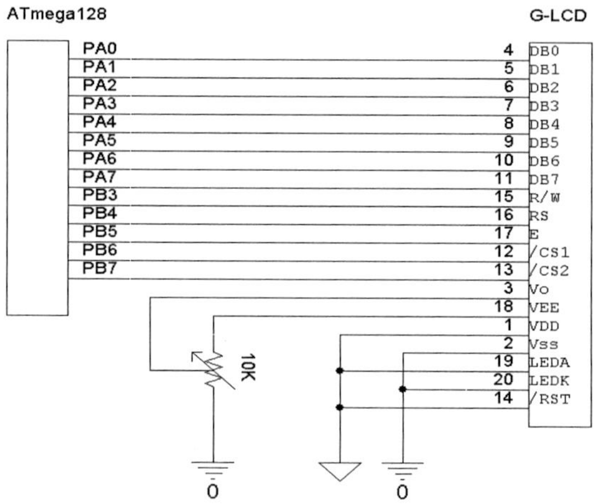


그림 6-2 그래픽 LCD 연결도

- **실험2**

1) 그래픽 LCD를 이용하여 별의 모양이 나올 수 있도록 프로그램을 작성하라.
2) 실험보드에 프로그램을 다운로드 한 후 상태를 확인해보자.

- **실험3**

1) 그래픽 LCD와 텍스트 LCD에 구구단이 차례대로 디스플레이 될 수 있도록 프로그램을 작성하라.
2) 실험보드에 프로그램을 다운로드 한 후 상태를 확인해보자.

- **창의적 공학설계**

1) G_LCD를 이용하여 자기 자신을 소개 할 수 있는 글 또는 그림을 나타내보자.
2) 조별로 LCD를 이용하여 할 수 있는 것들을 브레인스토밍 방법으로 토론하여보자.

# 실험 07 KEYPAD INTERFACE 교육 및 실습

## 1 실험의 목적

가장 기본이 되는 I/O 소자 중의 하나가 스위치이다. 하지만 스위치가 많아지면 I/O포트를 낭비하게 된다. 많은 스위치 신호를 받기 위해 다른 방법이 필요하며, 대표적인 방법이 key matrix scanning 방법이다. 이 방법에 대해 자세히 이해하고 응용 프로그램을 만들어 보자.

## 2 기초내용

### 2.1 하드웨어의 구성

일반적인 AVR의 스위치 구성은 다음 그림과 같다.

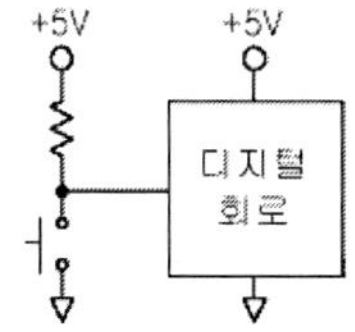


그림 7-1 일반적인 스위치 연결

위 그림처럼 일반적으로 스위치를 1개 연결하려면 1개의 I/O 핀이 필요하다. 하지만 입력 받는 스위치 부분이 많은 시스템 (예: 비밀번호를 이용한 도어락, 전자오르간, 컴퓨터의 키보드) 같은 경우에 스위치 당 하나의 I/O 핀을 할당할 경우 프로세스의 I/O 포트가 남아나지 않는다.

최소한의 I/O 포트로 최대한 많은 버튼을 사용하기 위해서는 다음과 같이 구성한다.

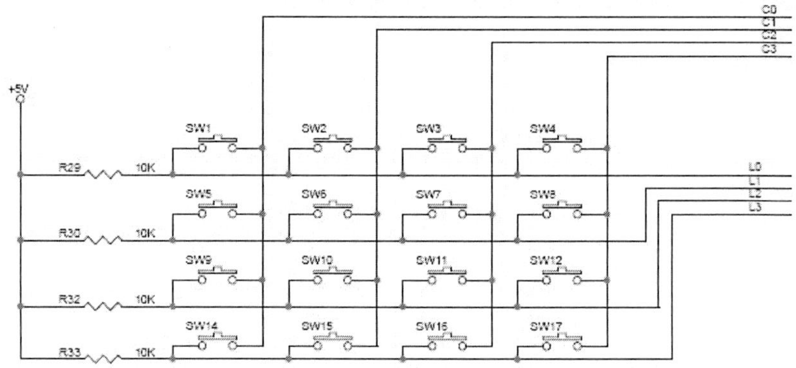


그림 7-2 키 매트릭스를 이용한 스위치 입력

위 그림은 AVR의 8개 I/O 을 이용하여 구성한 회로이다. select 신호 4비트와 입력 신호 4비트 총 8개의 I/O 핀으로 위와 같이 구성하면 4*4=16 즉, 최대 16개 까지 버튼을 사용할 수 있다. 동작 원리는 버튼의 눌린 상태를 select 신호를 하나씩 LOW로 만들면서, 입력 신호 4비트의 값을 읽어오는 방식으로 select 비트를 0111로 만든 상태에서 입력 비트의 값을 읽어오면 눌려진 스위치에서 LOW를 검출 할 수 있다. 이 작업을 순차적으로 반복 작업하여 키패드의 입력 값을 스캔해낸다. 이 작업을 프로그램으로 함수를 구성하여 일정한 주기로 실행 시켜 주면 MCU의 연산에 큰 부담 없이도 스캔이 가능하다. 다음은 간단하게 기존의 방식과 스캔방식을 비교하여 표로 정리 하였다.

| 8개의 I/O 핀을 사용 | 스캔 방식 | 일반적인 방식 |
|---|---|---|
| 스위치수 | 최대 16개(4*4) | 8개 |
| 프로그램 | 복잡 | 간단 |

## 3 실험

### 3.1 예비보고서

1) 실험1의 프로그램에 대해 이해를 하고 문제점을 제시해보자.
2) 키패드의 제어방법에 대해서 이해하고 실험1과 다른 제어 방법을 조사해 보자.

### 3.2 실험내용

- **실험1**

다음은 ATmega128에 KEYPAD를 연결하여 KEYPAD로 입력 받은 값을 10진수로

GLCD에 출력하고 그 값을 16진수로 바꿔서 함께 출력한다. 16번째 KEY를 제외한 임의의 다른 KEY를 입력받고 이어서 16번째 KEY를 입력 받았을 때는 바로 전에 입력받은 KEY의 16진수 변환 값을 함께 출력하는 프로그램을 만들어 보자.

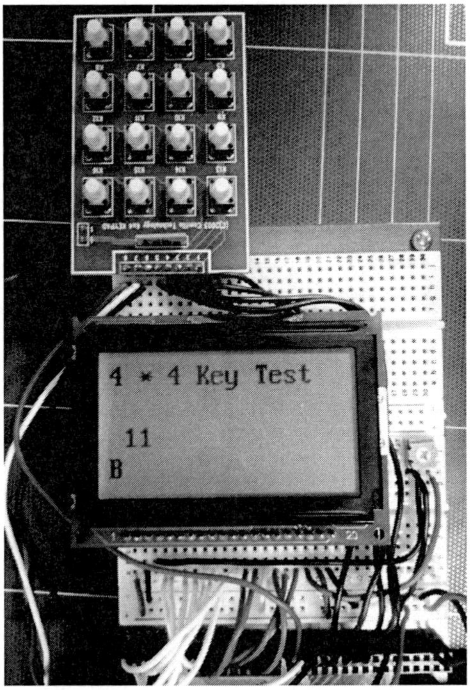


그림 7-3 KEYPAD인터페이스 실습

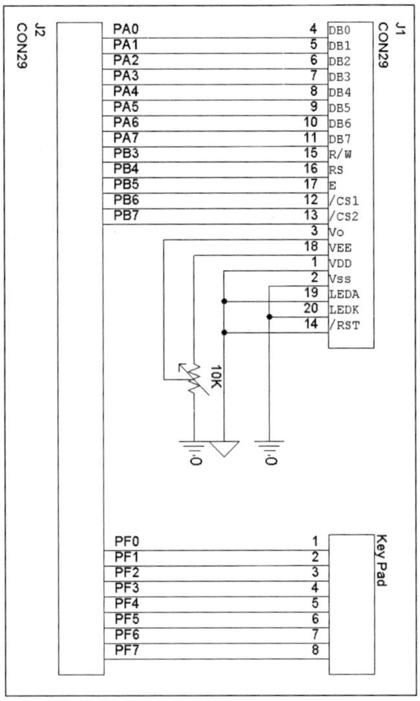


그림 7-4 KEYPAD연결도

1) 아래의 프로그램을 작성하라.

```
---------- KeyPad.h ----------

#define PortF_In_Out DDRF //F 입출력 설정
#define KEY_PORT_OUT    PORTF
#define KEY_PORT_INPUT  PINF

unsigned char KEY_SCAN_VALUE[4]={0xf7,0xfb,0xfd,0xfe};
unsigned char HexToAsiic_Map[16][3] =

{"0","1","2","3","4","5","6","7","8","9","A","B","C","D",
"E","F"};
unsigned char scan_count,scan_countold;
```

```
//0111,1011.1101.1110 DATA LOW
unsigned char key_off;     //3210.3210.3210.3210 PORT LOW
unsigned char key_enable;
unsigned char scan_keyold, scan_key, scan_Tempkey,
            key_output_value;
int key_Temp;

void key_init(void)
{
    scan_count=0;
    key_Temp=0;
    scan_key=0;
    scan_countold=0;
    key_enable=0;
    scan_keyold=0;
}


void key_scanmain(void)
{                   //7654 3210
    if(0xe0==scan_key)//1110 0000 HIGHT
    {
          switch(scan_count)
           {
          case 0:
             key_Temp=1;      GLCD_string(2,0," 1  ");
             //k1
             break;
          case 1:
             key_Temp=13; GLCD_string(2,0," 13  ");
             //k13
            break;
          case 2:
             key_Temp=9; GLCD_string(2,0," 9  ");
             //k9
```

```
                break;
            case 3:
                key_Temp=5; GLCD_string(2,0," 5 ");
                //k5
                break;
            }
    }               //7654 3210
    if(0xd0==scan_key)//1101 0000 HIGHT
    {
    switch(scan_count)
        {
            case 0:
            key_Temp=2; GLCD_string(2,0," 2 ");   //k2
                break;
            case 1:
                key_Temp=14; GLCD_string(2,0," 14 ");
                //k14
                break;
            case 2:
                key_Temp=10; GLCD_string(2,0," 10 ");
                //k10
                break;
            case 3:
                    key_Temp=6; GLCD_string(2,0," 6 ");
                //k6
                break;
        }
    }               //7654 3210
    if(0xb0==scan_key)    //1011 0000 HIGHT
    {
    switch(scan_count)
        {
            case 0:
                    key_Temp=3 ; GLCD_string(2,0," 3 ");
                //k3
```

```
            break;
        case 1:
            key_Temp=15 ; GLCD_string(2,0,"  15  ");
            //k15
                break;
        case 2:
            key_Temp=11; GLCD_string(2,0,"  11  ");
            //k11
            break;
        case 3:
                key_Tcmp=7 ; GLCD_string(2,0,"  7  ");
            //k7
            break;
       }
    }               //7654 3210
    if(0x70==scan_key) //0111 0000 HIGHT
    {
    switch(scan_count)
      {
        case 0:
                key_Temp=4  ; GLCD_string(2,0,"  4  ");
            //k4
            break;
        case 1:
                key_Temp=16 ; GLCD_string(2,0,"  16  ");
                //k16
            break;
        case 2:
            key_Temp=12 ; GLCD_string(2,0,"  12  ");
                //k12
            break;
        case 3:
              key_Temp=8 ; GLCD_string(2,0,"  8  ");
            //k8
            break;
```

```
        }
    }
}

void key_input(void)
{
    if(key_enable==0)
    {
          KEY_PORT_OUT=(0xf0  |
            KEY_SCAN_VALUE[scan_count]);

          scan_key = (0xf0 & inp(KEY_PORT_INPUT));
          if(scan_key != 0xf0)
          {
                if(scan_keyold==scan_key)
                {
                        key_enable = 1;
                        key_scanmain();
                        scan_countold=scan_count;
                        scan_keyold=0xff;
                        key_enable=0;
                }
                if(key_enable==0)
                {
                       scan_keyold=scan_key;
                }
          }
    }
    else
    {
          if(scan_countold==scan_count)
          {

                scan_key=(0xf0&inp(KEY_PORT_INPUT));
                if(scan_key==0xf0)
```

```
                {
                        key_enable=0;
                }
            }
        }
    }

    void key_main(void)
    {
        if(scan_count>3)
        {
            scan_count=0;
        }
        key_input();
        scan_count++;
    }

    ---------- KeyPad.c ----------

    #include <avr/io.h>
    #include <avr/iom128.h>
    #include <compat/deprecated.h>

    #include "delay.h"
    #include "KeyPad.h"
    #include "g_lcd.h"

    void port_init(void)
    {
        scan_key=scan_keyold=scan_count=key_Temp=0;
        key_enable=0;
        DDRF = 0x0f;  //outp(0x0f,DDRF);
        PORTF = 0x00;
        DDRA = 0xff;    //G_LCD DB: PORTA
       PORTA = 0x00;
```

```
    DDRB = 0xff;     //G_LCD_CONTROL : PORTB
    PORTB = 0x00;
}

void GLCD_init()
{
    GLCD_command(0xC0,0x3f);
    Delay_us(250);
}

int main( void )
{
    port_init();
    GLCD_init();
    GLCD_clear();
    GLCD_string(0,0,"4 * 4 Key Test");
    do
    {
            key_main();
            GLCD_string(3,0,&HexToAsiic_Map[key_Temp]);
    }while(1);

    return 0;
}
```

2) 절차1)에서의 프로그램을 이해하고 주석으로 표시하라.

3) 실험보드에 프로그램을 다운로드한 후 상태를 확인하라.

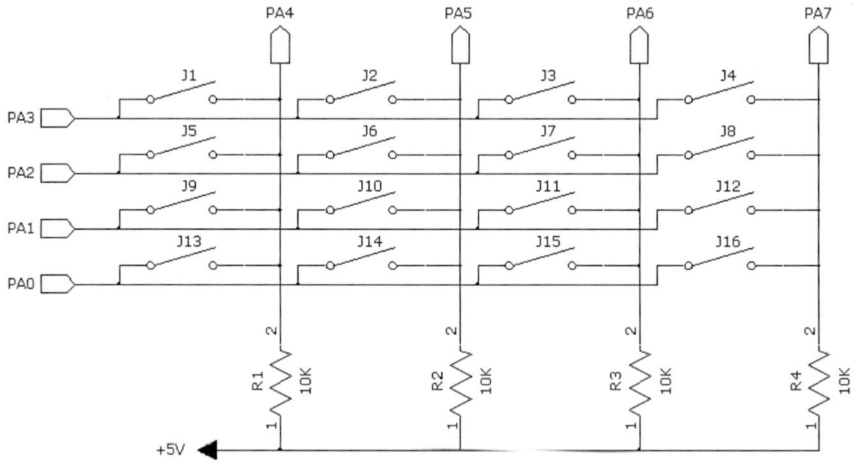


그림 7-4 키패드 실습 회로도

- **실험2**

1) 키패드에서 입력받은 값을 7-Segment에 출력하는 프로그램을 작성하라.
2) 실험보드에 프로그램을 다운로드 한 후 상태를 확인하라.

- **실험3**

1) 키패드에서 2개의 값을 입력받아 2값을 더한 후 그 결과를 7-Segment에 출력하는 프로그램을 작성하라.
2) 실험보드에 프로그램을 다운로드한 후 상태를 확인하라.

- **창의적 공학설계**

1) 키패드를 이용하여 간단한 계산기를 프로그래밍 하여라.
2) LCD를 이용하여 계산된 값을 표시하여라.

실험 08

# 인터럽트

## 1 실험의 목적

시스템을 사용하다보면 어떤 일을 수행하는 중간에 별도의 일을 처리해야 할 경우가 생긴다. 인터럽트(Interrupt)란 CPU가 현재 처리하고 있는 일보다 급하게 처리해야 할 사건이 발생 했을 때, 현재 수행중인 일을 잠시 중단하고 급한 일을 처리한 후에 본래의 일을 다시 수행하는 것을 말한다. 이번 실험을 통해 인터럽트를 이해하고 타이머 인터럽트를 이용하여 정확한 시간을 만드는 방법에 대해 공부한다.

## 2 기초내용

### 2.1 인터럽트

인터럽트 요청에 CPU는 인터럽트를 수용할 수도 있고, 무시할 수도 있다. 인터럽트가 발생하면 CPU는 [그림8-1]의 순서로 현재 수행중인 프로그램을 멈추고 상태 레지스터와 PC(Program Counter)등을 스택에 잠시 저장한 후 인터럽트 서비스 루틴(ISR)으로 점프한다. 인터럽트 서비스 루틴을 실행한 후에는 이전의 프로그램으로 복귀하여 정상적인 절차를 실행한다.

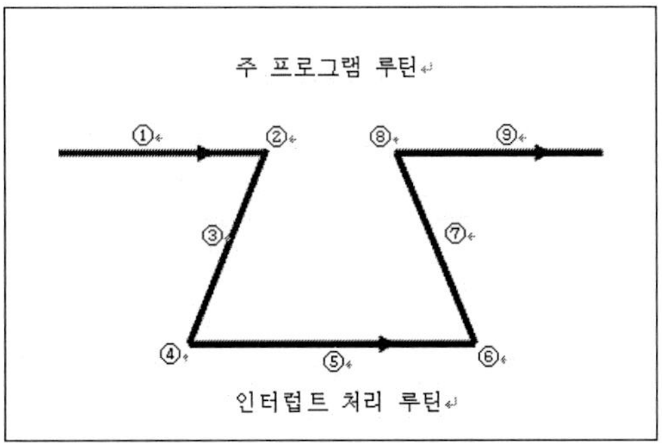


그림 8-1 인터럽트 처리과정

① 주 프로그램 실행 ② 인터럽트 발생
③ 복귀주소 저장 ④ 인터럽트 벡터로 점프
⑤ 인터럽트 처리 ⑥ 인터럽트 처리완료
⑦ 복귀주소 로드 ⑧ 마지막에 실행되던 주소로 점프
⑨ 주 프로그램 실행

AVR ATmega128 마이크로컨트롤러는 RESET 벡터 등을 합쳐서 35개의 인터럽트 벡터를 가지고 있으며 [그림 8-2]에 이를 나타내었다.

인터럽트의 요청이 중복될 수 있는 경우를 대비하여 각 인터럽트 사이에는 하드웨어적으로 우선순위를 정해두었다. 이에 따라 인터럽트 발생이 동시에 될 경우 우선순위가 높은 인터럽트가 먼저 실행되게 된다.

위의 여러 인터럽트를 사용하기 위해서는 SREG 레지스터의 I비트(bit7)를 Set시켜 모든 인터럽트를 허용해야 하며 사용할 인터럽트의 개별적인 Enable 비트를 Set시켜야만 한다. 그 사용법에 대해서는 외부인터럽트제어 부분에서 예를 들어 설명하니 참고하기 바란다.

외부인터럽트는 크게 레벨방식과 에지방식으로 나뉘고 AVR ATmega128에서는 하강에지, 상승에지, Low레벨에서 발생한다.

## 2.2 타이머 인터럽트

타이머/카운터는 입력으로 들어오는 펄스를 셈하는 장치이다. 입력펄스가 어디에 존재하느냐에 따라 타이머와 카운터로 나눌 수 있다. 또한 타이머/카운터는 단순히 셈하는 것 뿐 아니라 시간과 관련된 기능인 시간 지연, 이벤트 카운팅, 펄스 폭 측정, 펄스 폭 변조, 직렬포트의 보레이트 발생기 등 여러 가지로 사용할 수 있다.

ATmega128는 4개의 타이머/카운터로 구성되어있으며, 이중 타이머/카운터 0은 8비트 구조로서 카운터로 이용될 때 타이머카운터 0의 카운터입력이 TOC1과0으로 받아 RTC기능을 가지는 것을 제외 하고는 타이머/카운터 2와 기능이 같으며 타이머카운터1은 16비트 구조로서 타이머/카운터 3과 기능이 같다.

타이머/카운터를 흔히 통칭해서 부르며 같은 기능이라고 생각하고 사용하지만 세분하여 볼 때는 타이머와 카운터는 엄연히 다른 기능을 말하는 것을 알아 두어야 한다.

① 타이머는 MCU의 내부클럭(clkI/O〉분주기〉clkT)을 이용하여 일정시간 간격의 펄스를 만들어 내거나 일정시간 경과 후에 인터럽트를 발생시키는 기능을 말한다.
② 카운터는 외부 핀(TOSC1, TOSC2, T1, T2, T3)을 통해서 들어오는 펄스를 계수(Edge Detector)하여 Event Counter로서 동작되는 것을 말한다. (펄스=사건, 카운터값=사건의 횟수)

| Vector No. | Program Address[2] | Source | Interrupt Definition |
|---|---|---|---|
| 1 | $0000[1] | RESET | External Pin, Power-on Reset, Brown-out Reset, Watchdog Reset, and JTAG AVR Reset |
| 2 | $0002 | INT0 | External Interrupt Request 0 |
| 3 | $0004 | INT1 | External Interrupt Request 1 |
| 4 | $0006 | INT2 | External Interrupt Request 2 |
| 5 | $0008 | INT3 | External Interrupt Request 3 |
| 6 | $000A | INT4 | External Interrupt Request 4 |
| 7 | $000C | INT5 | External Interrupt Request 5 |
| 8 | $000E | INT6 | External Interrupt Request 6 |
| 9 | $0010 | INT7 | External Interrupt Request 7 |
| 10 | $0012 | TIMER2 COMP | Timer/Counter2 Compare Match |
| 11 | $0014 | TIMER2 OVF | Timer/Counter2 Overflow |
| 12 | $0016 | TIMER1 CAPT | Timer/Counter1 Capture Event |
| 13 | $0018 | TIMER1 COMPA | Timer/Counter1 Compare Match A |
| 14 | $001A | TIMER1 COMPB | Timer/Counter1 Compare Match B |
| 15 | $001C | TIMER1 OVF | Timer/Counter1 Overflow |
| 16 | $001E | TIMER0 COMP | Timer/Counter0 Compare Match |
| 17 | $0020 | TIMER0 OVF | Timer/Counter0 Overflow |
| 18 | $0022 | SPI, STC | SPI Serial Transfer Complete |
| 19 | $0024 | USART0, RX | USART0, Rx Complete |
| 20 | $0026 | USART0, UDRE | USART0 Data Register Empty |
| 21 | $0028 | USART0, TX | USART0, Tx Complete |
| 22 | $002A | ADC | ADC Conversion Complete |
| 23 | $002C | EE READY | EEPROM Ready |
| 24 | $002E | ANALOG COMP | Analog Comparator |
| 25 | $0030[3] | TIMER1 COMPC | Timer/Countre1 Compare Match C |
| 26 | $0032[3] | TIMER3 CAPT | Timer/Counter3 Capture Event |
| 27 | $0034[3] | TIMER3 COMPA | Timer/Counter3 Compare Match A |
| 28 | $0036[3] | TIMER3 COMPB | Timer/Counter3 Compare Match B |
| 29 | $0038[3] | TIMER3 COMPC | Timer/Counter3 Compare Match C |
| 30 | $003A[3] | TIMER3 OVF | Timer/Counter3 Overflow |
| 31 | $003C[3] | USART1, RX | USART1, Rx Complete |
| 32 | $003E[3] | USART1, UDRE | USART1 Data Register Empty |
| 33 | $0040[3] | USART1, TX | USART1, Tx Complete |
| 34 | $0042[3] | TWI | Two-wire Serial Interface |
| 35 | $0044[3] | SPM READY | Store Program Memory Ready |

그림 8-2 인터럽트 벡터

타이머 - 내부클럭(빠름/분주가능:범위 내에서 클럭선택가능)
- 동기모드

카운터 - 외부클럭(느림/분주불가능:외부클럭 그대로 사용)
- 비동기모드

이렇게 타이머와 카운터는 입력 받는 소스가 틀리면서 원리적인 차이가 있지만 그 사용 목적과 결과는 같은 이유로 혼용되어 부르며 사용되고 있다.

## 3 실험

### 3.1 예비보고서

1) 프리스케일러의 의미와 사용법을 조사해보자.
2) 타이머/카운터 1, 2, 3의 차이를 조사하라.
3) PWM신호의 정의와 사용법에 대해 알아보자.

### 3.2 실험내용

- 실험1

INT0(PD2)에 풀업 스위치를 연결하여 스위치를 누르면, INT0의 상승에지에서 인터럽트를 발생시킨다. PORTA에 연결된 LED가 OFF되어있는 상태에서는 스위치를 누르면 ON되고, ON상태에서는 OFF되는 프로그램을 작성하여 보자.

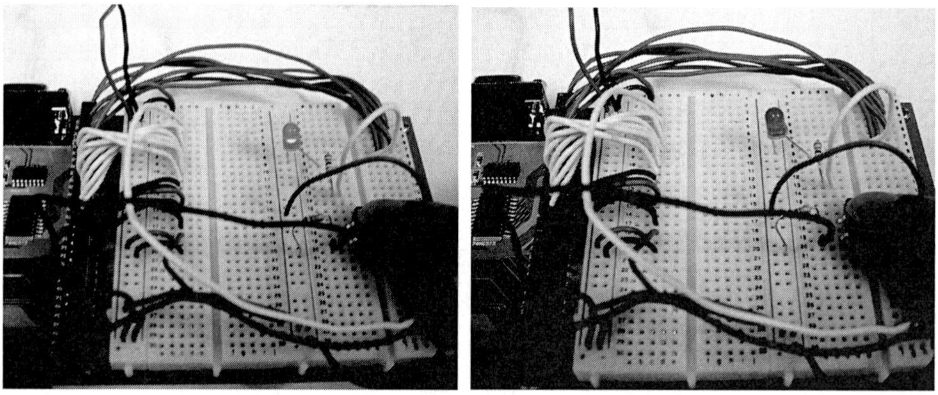

그림 8-3 스위치를 이용한 인터럽트 실습

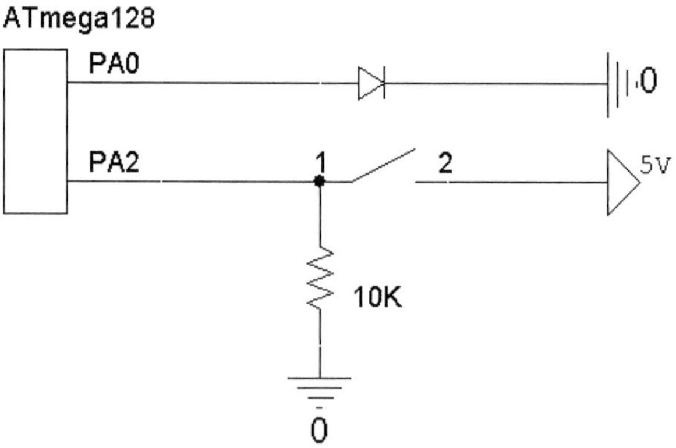


그림 8-4 인터럽트 실습을 위한 연결도

1) 아래의 프로그램을 작성하여라.

```
---------- Interrupt.c ----------

#include<avr/io.h>
#include<avr/iom128.h>
#include<avr/interrupt.h>
#include<compat/deprecated.h>

#include"delay.h"

void port_init()
{
    DDRA=0x01;
    PORTA=0x00;
}

void interrupt_init()
{
    EICRA=0xFF;
    EICRB=0xFF;
    EIMSK=0x01;
}

int main()
{
    port_init();
    interrupt_init();
    sei();
    while(1);
    return 0;
}

ISR(INT0_vect)
```

```
{
        if(PORTA==0x00)
                PORTA=0x01;
        else
                PORTA=0x00;
}
```

2) 위의 프로그램을 이해하고 주석으로 표시하라.

3) 프로그램을 보드에 다운로드 하고 결과를 확인하라.

- **실험2**

1) 일정시간마다 LCD모듈에 디스플레이 하는 프로그램을 만들어보자.

2) 프로그램을 보드에 다운로드 하고 결과를 확인해보자.

- **실험3**

1) 외부 인터럽트를 이용하여 스탑워치 프로그램을 작성하라

2) 프로그램을 보드에 다운로드 하고 결과를 확인하여라.

- **창의적 공학설계**

1) 디지털시계를 FND, LCD에 동시에 나타날 수 있도록 프로그램하라.

실험 09

# DC-MOTER 제어 실습

## 1 실험의 목적

DC모터는 고정자로 영구자석을 사용하고, 회전자(전기자)로 코일을 사용하여 구성한 것으로, 전기자에 흐르는 전류의 방향을 전환함으로써 자력의 반발, 흡인력으로 회전력을 생성시키는 모터이다. 모형 자동차, 무선조정용 장난감 등을 비롯하여 여러 방면에서 가장 널리 사용되고 있는 모터이다.

모형용 DC 모터(RE280) 저가격으로 구동력도 크며 사용하기 쉽다 일반적으로 DC 모터는 회전 제어가 쉽고, 제어용 모터로서 아주 우수한 특성을 가지고 있다고 할 수 있다.

이번 실험을 통해 DC모터를 이해하고 제어방법을 알아보자.

## 2 기초내용

### 2.1 모터의 종류

#### 1) 스테핑 모터

스테핑 모터(Stepping Motor)는 일명 스텝 모터, 펄스 모터, 스테퍼 모터 등이라고 불려지고 있는데 이것을 번역하면 보진 전동기 또는 계동 전동기라고 할 수 있다.

보진은 한 발 한 발 단계적으로 움직이는 것을 말하고 스테핑 모터의 동작 이미지를 잘 표현하고 있다. 그런데 스테핑 모터의 최대 특징은 펄스 전력에 대응하여 회전한다는 것이다. 게다가 입력 펄스수에 비례하여 회전각이 변위되고 또 입력 주파수에 비례하여 회전 속도가 변화하기 때문에 피드백함이 없이 모터의 동작을 제어할 수 있다.

### 2) Brushless DC Motor (BLDC)

브러시리스 모터(Brushless Motor)는 DC 모터에서 브러시와 정류자(Commutator)를 없애고 전자적인 정류 기구를 설치한 모터이다. 따라서 기계적인 노이즈뿐만 아니라 전기적인 노이즈도 발생되지 않는다.

브러시리스 모터의 장점은 특히 원리적으로 노이즈가 발생하지 않는 것이다. 기타 초저속 또는 초고속, 다극(자석의 수가 많다.)긴 수명의 모터가 간단히 만들어지는 점도 장점이라고 할 수 있다. 그런데 브러시리스 모터의 구조는 중심에 회전하는 마그넷이 있고 그 둘레에 구동 코일이 설치되어 있다.

브러시리스 모터의 작동원리는 DC 모터와 같이 플레밍의 왼손 법칙이며 코일 또는 영구 자석의 어느 쪽이 회전해도 그 작동 원리는 같다. 단, 브러시리스 모터에는 정류자가 없기 때문에 이것에 대신하는 전자 정류 회로가 필요하게 된다.

### 3) 인덕션 모터

인덕션 모터(Induction Motor)는 AC 모터의 일종이며 회전 자계형으로 분류되어 있는 모터이다. 이 모터의 작동 원리는 고정자 권선에 흐르는 교번(교류)전류에 의해 발생하는 회전 자기장과 로터부에 발생하는 유도 전류와의 상호작용에 의해 생기는 회전력이다.

이 때문에 인덕션 모터를 유도모터라고 부르는 경우도 있다. 그 내부 구조는 로터부(회전자)는 규소 강판을 적층한 것, 슬롯부는 구리나 알루미늄 등으로 농형으로 권선을 형성한 것이 사용되고 있다. 또 이 종류의 인덕션 모터의 토크 발생부는 로터나 스테이터(고정자)의 권선부가 아니고 그 대 부분이 철심에 집중되어 있다.

그리고 인덕션 모터는 부하(토크)에 대응한 회전수로 회전하는데 이것에는 어느 정도의 정속성이 있다. 따라서 그다지 엄밀한 정속성이 요구되지 않는 동력용 모터로서 널리 사용되고 있다. 인덕션 모터에도 여러 가지 종류가 있으며 소형의 것으로는 단상 콘덴서 구동형이 가장 많이 보급되어 있다.

### 4) 리버시블 모터

리버시블(Reversible Motor)은 인덕션 모터의 일종이며 우회전, 좌회전 어느 방향으로도 같은 특성이 얻어지는 모터이다.

원리적으로도 인덕션 모터와 같으나 빈번한 정역전에 견디고 큰 시동 토크를 얻기 위해 일반 인덕션 모터와 같이 주코일, 보조 코일의 관계는 없다.

### 5) 셰이드형 모터

셰이드형 모터(Shaded Pole Motor)는 단상 교류 모터의 일종이며 1차 코일과는 별도로 1-2회전의 단락 코일(셰이딩 코일)을 감고 이것에 의해 회전 자기장을 발생시키는 모터이다.

일반적으로 AC 모터를 회전시키기 위해서는 2상 이상의 교류를 필요로 하는데 일반 가정용에는 단상 교류밖에 공급되지 않는다.

그 때문에 AC 모터를 움직이기 위해서는 어떤 대책이 필요하게 된다. 예를 들면 콘덴서를 사용하여 위상이 다른 별도의 전원을 만드는 방법도 있다.

셰이드형 모터에서는 콘덴서 대신에 몇 회전의 단락 코일을 감고 이것에 의해 3.14 / 2 이상 위상이 지연된 교류를 만들어 내고 있다.

### 6) 싱크로너스 모터

싱크로너스 모터(Synchronous Motor)는 교류 모터의 일종이며 전원 주파수에 동기하여 회전하는 모터이다. 이 모터는 전원 주파수와 동기되었을 때 비로소 안정된 회전 특성이 얻어진다는 특징이 있다.

### 7) 유니버설 모터

유니버설 모터(Universal Motor)는 직류나 교류로 회전시킬 수 있는 정류자 모터를 말한다.

유니버설이라는 말은 [여러 가지 목적에 사용되는 만능]이라는 뜻이며 이 모터를 직류나 교류로 사용할 수 있기 때문에 이 명칭으로 불려지고 있다. 이 모터의 구조는 앞에서 설명한 직류 직권모터와 같으며 스테이터 코일과 로터 코일에 동일 전류를 흐르게 하며 회전력을 발생시킨다.

특징은 시동 토크가 크고 고속 회전이 쉽게 얻어진다는 것이다. 그 때문에 전차 등의 구동 모터로 많이 사용되고 있다. 한편, 결점으로는 브러시와 정류자가 있기 때문에 전기 노이즈, 기계 노이즈가 크고 수명도 그다지 길지 않다는 점 등을 들 수 있다.

### 8) 리니어 모터

Linear Motor란 Direct로 직선 운동을 하는 모터의 총칭이다.

우리 주변에서 사용되고 있는 모터의 대부분은 회전식인데 각종의 가전제품이나 정보 기기에는 여러 곳에서 직선 운동형 모터가 사용되고 있다.

### 9) 초음파 모터

초음파 모터는 자석이나 권선을 필요로 하지 않는 새로운 형의 구동원이다. 작동원리는 복수의 압전 세라믹을 사용하고 이것에 고주파 전압을 가하여 압전 세라믹을 진동시킨다. 그리고 이 진동력에서 탄성체, 마찰판을 거쳐 일정 방향의 구동력(회전력)을 얻는 것이다. 또 그 구동력은 회전형 외에 직진형(리니어 구동형)도 있다.

### 10) 슬롯형과 슬롯리스 모터

모터의 전기자에는 얼마간의 권선을 필요로 하며 철판을 겹친 철심에 슬롯(홈)을 부착하고 여기에 코일을 감아 넣은 형식의 모터를 슬롯형 모터(Slotted type Moter)라고 한다.

이 모터는 구동용 코일을 직접 슬롯 안에 감아 넣기 때문에 보빈은 필요 없고 구조는 매우 단단하게 된다. 그러나 돌극 구조이기 때문에 코깅이 발생하고 이것이 토크 변동, 회전 변동 특성에 나쁜 영향을 주게 되는 단점도 있다.

한 편 슬롯이 없는 모터 이른바 슬롯리스 모터(Slotless Motor)는 철심 등에 슬롯이 없고 코일도 본딩 와이어(자기 융착선)를 사용하여 자립 형성하고 있다. 또 슬롯리스 모터는 어떤 위치에 있어도 균일한 자기 흡인력을 받기 때문에 코깅 현상이 없다.

### 11) 기어드 모터

기어드 모터(Geared Motor)는 모터의 회전축에 기어 등의 감속 기구를 부착한 것이며 이것에 의해 모터 단체로는 얻을 수 없는 저속 회전이 실현되거나 큰 토크를 발생시킬 수 있다.

또 기어(감속 기구)는 어떤 모터에도 부착할 수 있으므로, 어떤 모터라도 기어드 모터가 될 수 있다. 그런데 모터는 고속 회전시킬수록 효율이 좋고 경제성도 높아진다. 그 때문에 필요로 하는 회전수의 수십배, 수백 배로 모터를 회전시키고 여기에 기어를 짜 맞추어 감속하며 최종적으로 목적으로 하는 회전수를 꺼내고 있다(발전기 등은 기어로 증속할 수도 있다). 기어가 부착된 모터의 경우 기어에 의한 감속에 대응하여 그 토크도 증대되므로 비교적 소형의 모터에서도 쉽게 큰 토크를 얻을 수 있다.

### 12) 스캐너용 모터

모터의 명칭은 전원의 종류, 구조, 크기, 성능, 사용 목적 등에 의해 여러 가지 호칭법이 있는데 여기서 설명하는 스캐너용 모터는 사용 목적에 의한 명칭이다.

정보 기기에서는 스캐너라고 하는 말을 자주 듣게 되는데 이것은 모터의 회전축에 폴리건 미러(다면 거울)를 설치하고 이 거울로 레이저 빔을 선 모양으로 달리게 하는 주사 장치이다.

스캐너용 모터는 사용 목적에 의한 분류이기 때문에 모터의 구조와 직접적인 관계가 없다.

### 13) 인코더 부착 모터

인코더를 간단히 설명하면 여러 가지 정보를 보호화 하는 일종의 변환기라고 말할 수 있다.

인코더의 종류에는 그 구조에 따라 리니어식 인코더, 로터리식 인코더가 있으며 각각 직진형 모터, 회전형 모터에 사용되고 있다. 기타 인코더의 기능 분류로서는 인크리멘터리형과 앱솔루트형이 있다.

인크리멘터리형은 회전축의 회전 각도를 출력 펄스의 형으로 변환하는 방식이고 한편 앱솔루트형은 회전축의 위치를 2진 또는 2진화 10진수 등의 부호로 변환하는 방식이다. 또 인크리멘터리형은 회전량의 변화는 검출할 수 있으나 절대적인 위치는 검출 할 수 없다.

## 2.2 DC모터의 특징

DC모터는 광범위하고 높은 정밀도의 속도제어가 가능하며, 또한 여자방식에 따라 다른 특성이 나타나기 때문에 부하에 대한 적응성이 뛰어나며 시동토크가 커서 가변속 제어나 큰 시동 토크가 요구되는 용도에 사용된다.

1. 광범위한 속도제어가 용이하며 속도 제어를 하는 경우에도 효율이 좋다.
2. 시동, 가속토크를 임의로 선택할 수 있어 토크효율도 좋다.
3. 유도 전동기에 비해 고가이다.
4. 정류자와 브러시가 있기 때문에 정기적인 보수 점검이 필요하다.
5. 정류자를 갖고 있기 때문에 고속화나 고전압화에 제한이 있다.

# 3 실험

## 3.1 예비보고서

1) DC모터의 외부구성을 알아보고 DC모터의 종류를 알아보자.
2) PWM방식의 DC모터 제어 방법을 알아보자.
3) DC모터의 등가회로를 알아보자.

## 3.2 실험내용

- 실험1

PORTA에 DC모터를 연결하여 DC모터를 구동하는 프로그램이다.

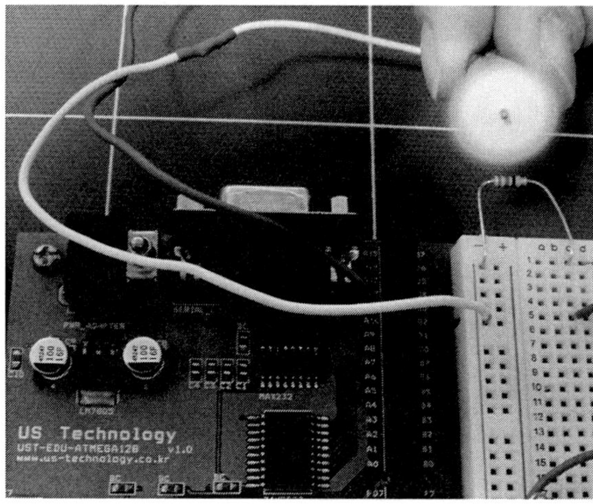


그림 9-1 DC모터 구동하기

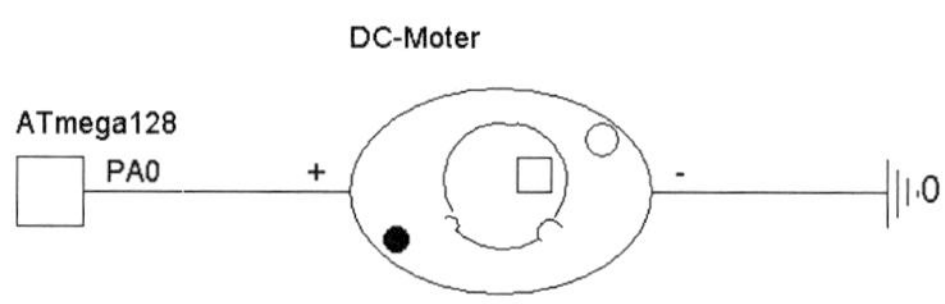


그림 9-2 DC모터 연결도

1) 다음의 내용을 프로그램 하여라.

```
---------- DCmotor.c ----------
#include<avr/io.h>
#include<avr/iom128.h>
#include<compat/deprecated.h>

#include"delay.h"

void port_init()
{
    DDRA = 0x01;
    PORTA = 0x00;
}

int main()
```

```
{
    port_init();
    while(1)
    {
        PORTA = 0x01;
        Delay_ms(10);
        PORTA = 0x00;
        Delay_ms(10);
    }
    return 0;

}
```

2) 프로그램을 보드에 다운로드 한 후 결과를 확인하여라.

- **실험2**

1) PWM 기능을 이용하여 PWM 값을 LCD 모듈에 출력하고 DC모터를 회전시킬 수 있도록 프로그램을 작성하라.
2) 결과를 확인하여라.

- 실험3

1) DC모터를 회전하고, 1초마다 회전량을 LCD모듈에 나타내어라.
2) 프로그램을 보드에 다운로드 한 후 결과를 확인하여라.

- **창의적공학설계**

1) 외부 인터럽트를 이용하여 DC 모터의 속도를 제어하는 프로그램을 작성하라.

실험 10

# 스텝모터 제어 실습

## 1 실험의 목적

MCU에서 많이 사용되고 있는 스텝모터에 대해 알아보고 제어하여 보자.

## 2 기초내용

### 2.1 스테핑 모터의 개요

각종 모터 중에서도 스테핑 모터는 펄스에 의해 디지털적으로 제어하는 것이 가능하다는 점에서 MCU에서 사용하기에는 아주 적합한 모터이다. 스테핑모터의 장점은 DC모터나 AC모터와 달리 피드백 없이 정해진 각도를 회전하기 때문에 정확도가 높게 정지 및 제어를 할 수 있다.

### 2.2 스테핑 모터의 장단점

**1) 장점**

- 회전각을 입력 펄스 수를 이용하여 알 수 있다.
- 회전자의 오차는 스텝마다 누적되지 않는다.
- 디지털 신호로 직접 오픈 루프 제어를 할 수 있다.
- 시스템이 간단하며, 피드백 시스템이 필요없다.
- 정지시 큰 유지 토크가 발생한다.
- 저속 구동시 큰 토크가 발생한다.

### 2) 단점

- 고속 구동시 탈조하기 쉽다.
- 특정 주파수에서 진동, 공진현상이 발생하기 쉽다.
- 주파수가 상승함에 따라 토크가 저하된다.

## 2.3 스테핑모터의 제어와 인터페이스

### 1) 가감속 제어

- 스테핑 모터에 부하를 인가하면 모터는 큰 관성 부하를 갖게 된다. 즉, 정지 상태에서 한순간에 고속 회전을 하려면 많은 토크를 필요로 하므로 등속동작은 불가능하다. 그러므로 제어를 위해 가감속 제어를 하는 것이 효율적이다.

### 2) 인터페이스

- "L297+SLA7024"로 구성되는 유니폴러 구동방식과 "L297+L298"로 구성되는 바이폴라 구동방식을 많이 사용한다.

# 3 실험

## 3.1 예비보고서

1) VR형, PM형, 하이브리드형 스테핑모터의 차이를 설명하라.
2) 스테핑모터의 권선 구조를 조사하라.
3) 유니폴러 구동방식과 바이폴라 구동방식의 차이를 알아보자.

## 3.2 실험내용

- 실험1

다음은 PORTF의 하위 4비트를 이용하여 2상 여자방식으로 스테핑모터를 구동하는 프로그램이다.

※2상 여자 정방향 출력값 : 0x90 → 0x50 → 0x60 → 0xa0 → 반복

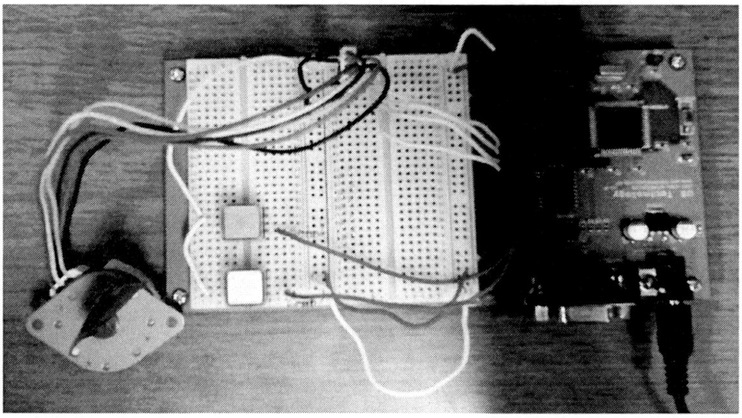

그림 10-1 스테핑모터 구동

1) 아래의 프로그램을 작성하여라.

```
---------- Stepmotor.c ----------

#include<avr/io.h>
#include<avr/iom128.h>

#include "delay.h"

void port_init()
{
    DDRF=0xff;
    PORTF=0xff;
}


int main()
{
    port_init();

    while(1)
    {
        PORTF=0x90;
```

```
            Delay_ms(100);
            PORTF=0x50;
            Delay_ms(100);
            PORTF=0x60;
            Delay_ms(100);
            PORTF=0xa0;
            Delay_ms(100);
        }
        return 0;
    }
```

2) 프로그램을 보드에 다운로드 하고 결과를 확인하라.

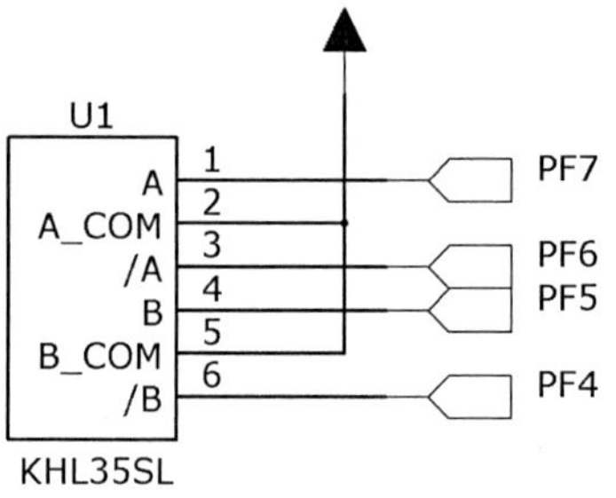


그림 10-2 스테핑 모터 연결도

| 선색 | 노랑 | 흰색 | 주황 | 검정 | 회색 | 갈색 |
|---|---|---|---|---|---|---|
| 기능 | A | A-com | A- | B | B-com | B- |

표 10-1 스테핑 모터 선색 별 기능

- **실험2**

1) 스테핑 모터를 구동하는 기본적인 프로그램인 가감속을 구현하여 보자.
2) 결과를 확인하라.

- **실험3**

1) 2개의 입력 핀을 결정하고 스위치를 누름에 따라 감속, 가속하는 프로그램을 작정하라.
2) 실험보드를 이용하여 결과를 확인하라.

- **창의적 공학설계**

  1) 스위치와 스테핑 모터를 이용하여 선풍기를 프로그램을 제작하라.
  2) 스위치와 스테핑 모터를 사용하여 엘리베이터 프로그램을 제작하라.

실험 11

# USART 시리얼 통신

## 1 실험의 목적

ATmega128에는 두 개의 USART(Universal Synchronous and Asynchronous Re-ceiver and Transmitter) 직렬포트를 가지고 있다. 이들은 각각 동기 및 비동기 전송방식을 지원하며, 5~9비트의 데이터 전송방식과 전이중 통신방식을 지원한다.

USART시리얼 통신을 이해하고 사용하여 보자.

## 2 기초내용

### 2.1 USART의 구조

그림 4-16와 같이 3부분으로(클럭 발생부, 송신부, 수신부) 나누어지며, 노이즈 필터링(3번의 샘플링 처리)기능과 에러 검출기능을(시작 비트 오류 검출, Overrun, Framing 에러 등) 가지고 있으며, 3개의 인터럽트 (송신 완료, 수신완료, 송신 레지스터 준비완료)를 가지고 있다.

### 2.2 관련 레지스터

#### 1) UDR0 및 UDR1(USART0 or 1 I/O Data Register)

UART0 또는 UART1의 UDRn레지스터는 송수신 데이터 레지스터로써 동일한 I/O번지를 사용하나 송신 데이터를 처리 할 때는 TXBn 버퍼에 저장되고, 수신 데이터를 처리 할 때는 RXBn버퍼에 저장된다.

| 7 | 6 | 5 | 4 | 3 | 2 | 1 | 0 |
|---|---|---|---|---|---|---|---|
| RXBn[7:0] | | | | | | | |
| TXBn[7:0] | | | | | | | |

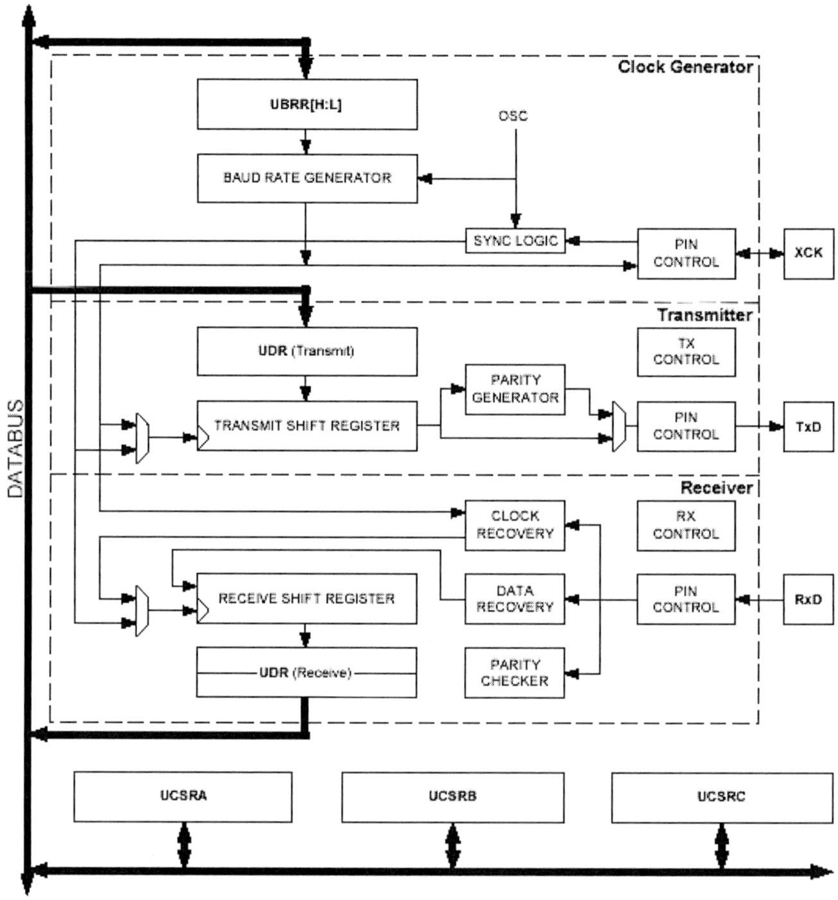


그림 11-1 USART 직렬통신 포트의 구성도

### 2) UCSR0A 및 UCSR1A(USART0 or 1 Control and Status Register A)

USARTn포트의 송수신 동작의 제어와 상태를 저장한다.

| 7 | 6 | 5 | 4 | 3 | 2 | 1 | 0 |
|---|---|---|---|---|---|---|---|
| RXCn | TXCn | UDREn | FEn | DORn | UPEn | U2Xn | MPCMn |

RXCn(USARTn Receive Complete) 데이터가 수신되어 수신 시프트 레지스터에서 UDRn레지스터로 전달될 때 1로 셋 되어 수신 인터럽트가 발생되며, CPU가 이를 읽어 수신 버퍼가 비면 0으로 클리어 된다.

TXCn(USARTn Transmit Complete) 송신 시프트 레지스터의 내용이 모두 전송 되

고 비어있는 상태가 되고, UDRn의 송신 버퍼에 아무 데이터가 기록이 되지 않은 상태이면 1로 셋 되며 송신 완료 인터럽트가 발생한다.

UDREn(USARTn Data Register Empty) UDRn의 송신 버퍼가 비어있으며 송신 데이터를 받을 준비가 되어있으면 1로 셋 되며, 송신 준비완료 인터럽트가 발생한다.

FEn(USARTn Frame Error) 데이터 전송 포맷에서 보면 스톱비트는 항상 1이어야 하는데 한 프레임의 데이터 전송 포맷에서 이 스톱 비트가 0으로 수신되면 이 비트가 1로 셋 된다.

DORn(USARTn Data overrun Error) UDRn의 수신 데이터를 아직 읽지 않은 상태에서 새로운 데이터가 수신 시프트 레지스터에 수신 되었을 때 발생한다.

UPEn(USARTn Parity Error) 패리티 비트를 사용할 경우 패리티 비트에러가 발생했을 경우에 1로 셋 된다.

U2Xn(Double the USARTn Transmission Speed) 비동기모드에서 클럭의 분주비를 16에서 8로 낮추어 전송속도를 빠르게 할 경우 사용한다.

MPCMn(USARTn Multi-Processor Comunication Mode) 멀티 프로세서 통신 모드를 설정한다.

### 3) UCSR0B 및 UCSR1B(USART0 or 1 Control and Status Register B)

USARTn포트의 송수신 동작을 제어하며, 데이터 비트를 9비트로 설정하였을때 9번째 비트를 저장하는 기능을 한다.

| 7 | 6 | 5 | 4 | 3 | 2 | 1 | 0 |
|---|---|---|---|---|---|---|---|
| RXCIEn | TXCIEn | UDRIEn | RXENn | TXENn | UCSZn2 | RXB8n | TXB8n |

RCCIEn(USARTn RX Complete Interrupt Enable) 수신완료 인터럽트를 허용하는 비트이다.

TXCIEn(USARTn TX Complete Interrupt Enable) 송신완료 인터럽트를 허용하는 비트이다.

UDRIEn(USARTn Data Register Empty Interrupt Enable) 송신 준비완료 언터럽트를 허용하는 비트이다.

RXENn(USARTn Receiver Enable) USARTn포트의 수신부를 동작하게 한다.

TXENn(USARTn Transmitter Enable) USARTn포트의 송신부를 동작하게 한다.

UCSZn2(USARTn Character Size) USCRnC 레지스터의 UCSZn0~1비트와 함께 데이터 전송 비트수를 결정한다.

RXB8n(USARTn Receive Data Bit 8)데이터 전송 비트수를 9비트로 한 경우 아홉번째 비트를 저장한다.

4) UCSR0C 및 UCSR1C(USART0 or 1 Control and Status Register C)

UARTn포트의 송수신 동작을 제어한다.

| 7 | 6 | 5 | 4 | 3 | 2 | 1 | 0 |
|---|---|---|---|---|---|---|---|
| – | UMSELn | UPMn1 | UPMn1 | USBSn | UCSZn1 | UCSZn0 | UCPOLn |

UMSELn(USARTn Mode Select) USARTn포트의 모드를 동기모드로 할 것이냐 비동기모드로 할 것이냐를 설정한다.

UPMn0~1(USARTn Parity Mode) USARTn포트의 패리티 비트를 설정한다.

USBSn(USARTn Stop Bit Select) 스톱비트의 개수를 설정한다.

UCSZn0~1(USARTn Character Size) USCRnB 레지스터의 UCSZn2와 함께 데이터 전송 비트수를 결정한다.

UCPOLn(USARTn Clock Polarity) 동기 전송 모드의 슬레이브 동작에서만 유효한 것으로 0으로 설정시 XCKn단자로 입력되는 클럭의 상승 에지에서 새로운 값이 출력되고, 숫긴 데이터는 XCKn 클럭의 하강 에지에서 출력된다. 그러나 1로 설정 시 그 반대가 된다.

### 5) UBRR0 및 UBRR1H/L(USARTn Baud Rate Register)

| 7 | 6 | 5 | 4 | 3 | 2 | 1 | 0 |
|---|---|---|---|---|---|---|---|
| – | – | – | – | UBRRn[11:8] | | | |
| UBRR0[7:0] | | | | | | | |

UBRRn 레지스터는 시리얼 통신의 Baud Rate를 설정하기 위한 레지스터이다. 양쪽의 Baud Rate 설정이 같아야 통신이 가능하기 때문에 Baud Rate 설정을 잘 해주어야 한다. [그림 11-2~11-5]에는 클럭에 따른 Baud Rate 설정시 UBRRn 레지스터 설정 값을 나타내었다.

| Baud Rate (bps) | $f_{osc}$ = 1.0000 MHz | | | | $f_{osc}$ = 1.8432 MHz | | | | $f_{osc}$ = 2.0000 MHz | | | |
|---|---|---|---|---|---|---|---|---|---|---|---|---|
| | U2Xn = 0 | | U2Xn = 1 | | U2Xn = 0 | | U2Xn = 1 | | U2Xn = 0 | | U2Xn = 1 | |
| | UBRRn | Error | UBRRn | Error | UBRRn | Error | UBRRn | Error | UBRRn | Error | UBRRn | Error |
| 2400 | 25 | 0.2% | 51 | 0.2% | 47 | 0.0% | 95 | 0.0% | 51 | 0.2% | 103 | 0.2% |
| 4800 | 12 | 0.2% | 25 | 0.2% | 23 | 0.0% | 47 | 0.0% | 25 | 0.2% | 51 | 0.2% |
| 9600 | 6 | -7.0% | 12 | 0.2% | 11 | 0.0% | 23 | 0.0% | 12 | 0.2% | 25 | 0.2% |
| 14.4k | 3 | 8.5% | 8 | -3.5% | 7 | 0.0% | 15 | 0.0% | 8 | -3.5% | 16 | 2.1% |
| 19.2k | 2 | 8.5% | 6 | -7.0% | 5 | 0.0% | 11 | 0.0% | 6 | -7.0% | 12 | 0.2% |
| 28.8k | 1 | 8.5% | 3 | 8.5% | 3 | 0.0% | 7 | 0.0% | 3 | 8.5% | 8 | -3.5% |
| 38.4k | 1 | -18.6% | 2 | 8.5% | 2 | 0.0% | 5 | 0.0% | 2 | 8.5% | 6 | -7.0% |
| 57.6k | 0 | 8.5% | 1 | 8.5% | 1 | 0.0% | 3 | 0.0% | 1 | 8.5% | 3 | 8.5% |
| 76.8k | – | – | 1 | -18.6% | 1 | -25.0% | 2 | 0.0% | 1 | -18.6% | 2 | 8.5% |
| 115.2k | – | – | 0 | 8.5% | 0 | 0.0% | 1 | 0.0% | 0 | 8.5% | 1 | 8.5% |
| 230.4k | – | – | – | – | – | – | 0 | 0.0% | – | – | – | – |
| 250k | – | – | – | – | – | – | – | – | – | – | 0 | 0.0% |
| Max.(1) | 62.5 kbps | | 125 kbps | | 115.2 kbps | | 230.4 kbps | | 125 kbps | | 250 kbps | |

그림 11-2 Band Rate 설정시 UBRR 레지스터 값 〈1〉

| Baud Rate (bps) | $f_{osc}$ = 3.6864 MHz | | | | $f_{osc}$ = 4.0000 MHz | | | | $f_{osc}$ = 7.3728 MHz | | | |
|---|---|---|---|---|---|---|---|---|---|---|---|---|
| | U2Xn = 0 | | U2Xn = 1 | | U2Xn = 0 | | U2Xn = 1 | | U2Xn = 0 | | U2Xn = 1 | |
| | UBRR n | Error | UBRR n | Error | UBRR n | Error | UBRR n | Error | UBRR n | Error | UBRR n | Error |
| 2400 | 95 | 0.0% | 191 | 0.0% | 103 | 0.2% | 207 | 0.2% | 191 | 0.0% | 383 | 0.0% |
| 4800 | 47 | 0.0% | 95 | 0.0% | 51 | 0.2% | 103 | 0.2% | 95 | 0.0% | 191 | 0.0% |
| 9600 | 23 | 0.0% | 47 | 0.0% | 25 | 0.2% | 51 | 0.2% | 47 | 0.0% | 95 | 0.0% |
| 14.4k | 15 | 0.0% | 31 | 0.0% | 16 | 2.1% | 34 | -0.8% | 31 | 0.0% | 63 | 0.0% |
| 19.2k | 11 | 0.0% | 23 | 0.0% | 12 | 0.2% | 25 | 0.2% | 23 | 0.0% | 47 | 0.0% |
| 28.8k | 7 | 0.0% | 15 | 0.0% | 8 | -3.5% | 16 | 2.1% | 15 | 0.0% | 31 | 0.0% |
| 38.4k | 5 | 0.0% | 11 | 0.0% | 6 | -7.0% | 12 | 0.2% | 11 | 0.0% | 23 | 0.0% |
| 57.6k | 3 | 0.0% | 7 | 0.0% | 3 | 8.5% | 8 | -3.5% | 7 | 0.0% | 15 | 0.0% |
| 76.8k | 2 | 0.0% | 5 | 0.0% | 2 | 8.5% | 6 | -7.0% | 5 | 0.0% | 11 | 0.0% |
| 115.2k | 1 | 0.0% | 3 | 0.0% | 1 | 8.5% | 3 | 8.5% | 3 | 0.0% | 7 | 0.0% |
| 230.4k | 0 | 0.0% | 1 | 0.0% | 0 | 8.5% | 1 | 8.5% | 1 | 0.0% | 3 | 0.0% |
| 250k | 0 | -7.8% | 1 | -7.8% | 0 | 0.0% | 1 | 0.0% | 1 | -7.8% | 3 | -7.8% |
| 0.5M | – | – | 0 | -7.8% | – | – | 0 | 0.0% | 0 | -7.8% | 1 | -7.8% |
| 1M | – | – | – | – | – | – | – | – | – | – | 0 | -7.8% |
| Max. (1) | 230.4 kbps | | 460.8 kbps | | 250 kbps | | 0.5 Mbps | | 460.8 kbps | | 921.6 kbps | |

그림 11-3 Band Rate 설정시 UBRR 레지스터 값 〈2〉

| Baud Rate (bps) | $f_{osc}$ = 8.0000 MHz | | | | $f_{osc}$ = 11.0592 MHz | | | | $f_{osc}$ = 14.7456 MHz | | | |
|---|---|---|---|---|---|---|---|---|---|---|---|---|
| | U2Xn = 0 | | U2Xn = 1 | | U2Xn = 0 | | U2Xn = 1 | | U2Xn = 0 | | U2Xn = 1 | |
| | UBRR n | Error | UBRR n | Error | UBRR n | Error | UBRR n | Error | UBRR n | Error | UBRR n | Error |
| 2400 | 207 | 0.2% | 416 | -0.1% | 287 | 0.0% | 575 | 0.0% | 383 | 0.0% | 767 | 0.0% |
| 4800 | 103 | 0.2% | 207 | 0.2% | 143 | 0.0% | 287 | 0.0% | 191 | 0.0% | 383 | 0.0% |
| 9600 | 51 | 0.2% | 103 | 0.2% | 71 | 0.0% | 143 | 0.0% | 95 | 0.0% | 191 | 0.0% |
| 14.4k | 34 | -0.8% | 68 | 0.6% | 47 | 0.0% | 95 | 0.0% | 63 | 0.0% | 127 | 0.0% |
| 19.2k | 25 | 0.2% | 51 | 0.2% | 35 | 0.0% | 71 | 0.0% | 47 | 0.0% | 95 | 0.0% |
| 28.8k | 16 | 2.1% | 34 | -0.8% | 23 | 0.0% | 47 | 0.0% | 31 | 0.0% | 63 | 0.0% |
| 38.4k | 12 | 0.2% | 25 | 0.2% | 17 | 0.0% | 35 | 0.0% | 23 | 0.0% | 47 | 0.0% |
| 57.6k | 8 | -3.5% | 16 | 2.1% | 11 | 0.0% | 23 | 0.0% | 15 | 0.0% | 31 | 0.0% |
| 76.8k | 6 | -7.0% | 12 | 0.2% | 8 | 0.0% | 17 | 0.0% | 11 | 0.0% | 23 | 0.0% |
| 115.2k | 3 | 8.5% | 8 | -3.5% | 5 | 0.0% | 11 | 0.0% | 7 | 0.0% | 15 | 0.0% |
| 230.4k | 1 | 8.5% | 3 | 8.5% | 2 | 0.0% | 5 | 0.0% | 3 | 0.0% | 7 | 0.0% |
| 250k | 1 | 0.0% | 3 | 0.0% | 2 | -7.8% | 5 | -7.8% | 3 | -7.8% | 6 | 5.3% |
| 0.5M | 0 | 0.0% | 1 | 0.0% | – | – | 2 | -7.8% | 1 | -7.8% | 3 | -7.8% |
| 1M | – | – | 0 | 0.0% | – | – | – | – | 0 | -7.8% | 1 | -7.8% |
| Max. (1) | 0.5 Mbps | | 1 Mbps | | 691.2 kbps | | 1.3824 Mbps | | 921.6 kbps | | 1.8432 Mbps | |

그림 11-4 Band Rate 설정시 UBRR 레지스터 값 〈3〉

| Baud Rate (bps) | $f_{osc}$ = 16.0000 MHz | | | | $f_{osc}$ = 18.4320 MHz | | | | $f_{osc}$ = 20.0000 MHz | | | |
|---|---|---|---|---|---|---|---|---|---|---|---|---|
| | U2Xn = 0 | | U2Xn = 1 | | U2Xn = 0 | | U2Xn = 1 | | U2Xn = 0 | | U2Xn = 1 | |
| | UBRR n | Error | UBRR n | Error | UBRR n | Error | UBRR n | Error | UBRR n | Error | UBRR n | Error |
| 2400 | 416 | -0.1% | 832 | 0.0% | 479 | 0.0% | 959 | 0.0% | 520 | 0.0% | 1041 | 0.0% |
| 4800 | 207 | 0.2% | 416 | -0.1% | 239 | 0.0% | 479 | 0.0% | 259 | 0.2% | 520 | 0.0% |
| 9600 | 103 | 0.2% | 207 | 0.2% | 119 | 0.0% | 239 | 0.0% | 129 | 0.2% | 259 | 0.2% |
| 14.4k | 68 | 0.6% | 138 | -0.1% | 79 | 0.0% | 159 | 0.0% | 86 | -0.2% | 173 | -0.2% |
| 19.2k | 51 | 0.2% | 103 | 0.2% | 59 | 0.0% | 119 | 0.0% | 64 | 0.2% | 129 | 0.2% |
| 28.8k | 34 | -0.8% | 68 | 0.6% | 39 | 0.0% | 79 | 0.0% | 42 | 0.9% | 86 | -0.2% |
| 38.4k | 25 | 0.2% | 51 | 0.2% | 29 | 0.0% | 59 | 0.0% | 32 | -1.4% | 64 | 0.2% |
| 57.6k | 16 | 2.1% | 34 | -0.8% | 19 | 0.0% | 39 | 0.0% | 21 | -1.4% | 42 | 0.9% |
| 76.8k | 12 | 0.2% | 25 | 0.2% | 14 | 0.0% | 29 | 0.0% | 15 | 1.7% | 32 | -1.4% |
| 115.2k | 8 | -3.5% | 16 | 2.1% | 9 | 0.0% | 19 | 0.0% | 10 | -1.4% | 21 | -1.4% |
| 230.4k | 3 | 8.5% | 8 | -3.5% | 4 | 0.0% | 9 | 0.0% | 4 | 8.5% | 10 | -1.4% |
| 250k | 3 | 0.0% | 7 | 0.0% | 4 | -7.8% | 8 | 2.4% | 4 | 0.0% | 9 | 0.0% |
| 0.5M | 1 | 0.0% | 3 | 0.0% | – | – | 4 | -7.8% | – | – | 4 | 0.0% |
| 1M | 0 | 0.0% | 1 | 0.0% | – | – | – | – | – | – | – | – |
| Max. (1) | 1 Mbps | | 2 Mbps | | 1.152 Mbps | | 2.304 Mbps | | 1.25 Mbps | | 2.5 Mbps | |

그림 11-5 Band Rate 설정시 UBRR 레지스터 값 〈4〉

## 2.3 회로구성

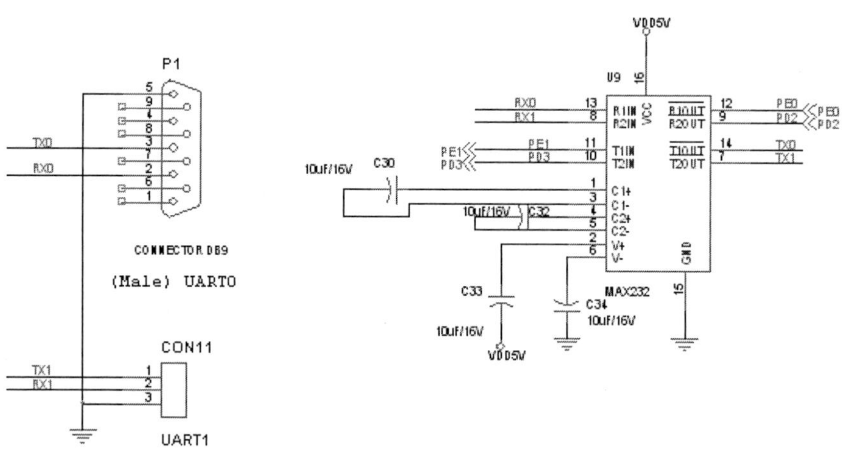


그림 11-6 USART 통신 회로도

## 3 실험

### 3.1 예비보고서

1) RS-232방식에 대해 조사하라.

2) 보레이트율에 대해서 알아보자.

2) ASCII code에 대해 알아보자.

## 3.2 실험내용

• 실험1

다음은 USART0을 이용하여 하이퍼터미널 프로그램에 문자열을 PC에 전송(송신)하는 프로그램이다.

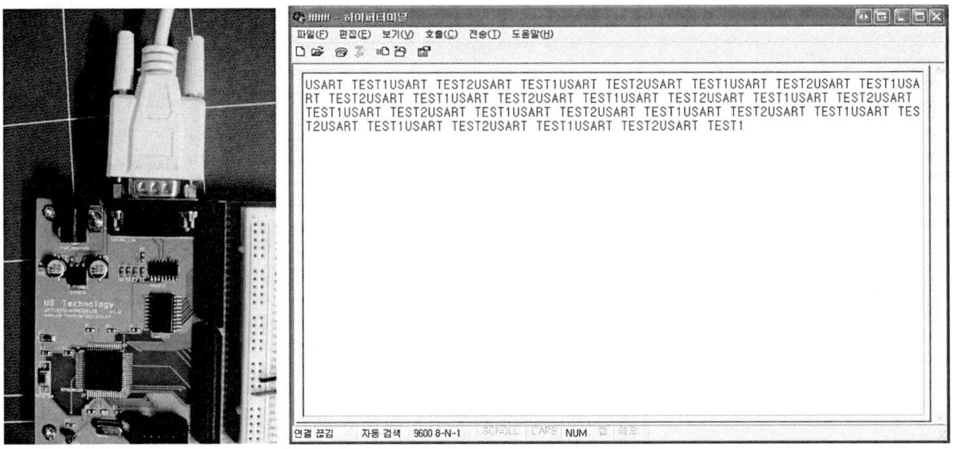


그림 11-7 USART0 송신 테스트

1) 아래의 프로그램을 작성하여라.

```
---------- USART.c ----------

#include <avr/io.h>
#include <avr/iom128.h>

void usart0_init()    //usart0 설정
{
    UBRR0H=0;
    UBRR0L=103; //속도 9600
    UCSR0B=0x98;
```

```
    //(1<<RXEN0 | 1<<TXEN0 | 0<<UCSZ02 | 1<<RXCIE0);
    UCSR0C=0x06;  //(1<<UCSZ00 | 1<<UCSZ01 );
}

void usart_transmit(unsigned char data)
//usrart0 1바이트 송신 함수
{
    while(!(UCSR0A & ( UCSR0A=0X20)));
      UDR0=data;
}
void usart_string0(unsigned char *data)       // 문자열
을 송신한다.
{
    unsigned char i;

    for(i=0;*(data+i)!=0;i++)
    {
        if(*(data+i)=='\n')
        {
            usart_transmit(0x0d);
        }
    usart_transmit(*(data+i));
    }
}

int main()
{
    usart0_init();
    while(1)
    {
            usart_string0("USART TEST1");
            Delay_ms(1000);
            usart_string0("USART TEST2");
            Delay_ms(1000);
```

```
        }
        return 0;
    }
```

2) 프로그램을 수정하여 보드에 다운로드 하고 결과를 확인하라.

- **실험2**

1) PC의 키보드에서 하나의 ASCII CODE값을 읽어서 그 값을 LCD에 출력하는 프로그램을 작성하라.
2) 결과를 확인하자.

- **실험3**

1) 실험2에서 사용한 프로그램을 전송속도를 변경하여 실행하여보자.
2) 차이점을 토의하고, 결과를 확인하자.

- **창의적 공학설계**

1) 컴퓨터의 키보드를 이용하여 스테핑 모터의 속도를 제어하는 프로그램을 작성하라.

실험 12

# 온도 센서 실습

## 1 실험의 목적

온도 센서의 원리를 이해하고, ATmega128을 이용하여 온도 센서를 제어하여 온도 측정을 해보자.

## 2 기초내용

### 2.1 온도 센서란?

산업전반에 걸쳐 온도의 정확한 측정과 관리는 매우 중요하다. 온도를 검출하는 것은 온도센서로서, 이것은 공업, 의학, 우주, 자원탐사, 해양개발, 방재, 공해감시등 산업용에서부터 민생용까지 그 응용범위가 매우 넓고 갈수록 확대되고 있다. 이상적인 온도센서는 측정범위가 넓고 정확하며 소형으로 값이 싸야한다. 그러나 이러한 센서는 현실적으로 존재하지 않기 때문에 사용자는 용도에 맞는 것을 선택하여 사용할 수밖에 없다. 최근의 경향은 비교적 정밀성이 크게 요구되지 않고 다량으로 사용되는 곳에는 접촉식 온도센서들이 사용되고 있으나 비접초식이고 다기능화 된 온도센서들이 개발됨으로 인해 이들이 점차 시장을 확산해 가고 있는 추세이다.

### 2.2 온도 센서의 원리

온도 센서에 응용되는 물리적 효과로서는 물리적 열팽창, 제베크 효과, 전기 저항의 온도 특성, PN 접합의 온도 특성, 열 방사, 광전 효과, 초전 효과, 광파이버 외에 유전율, 투자율의 온도 변화, 열 잡음 등이 있다.

온도는 원자 또는 분자가 갖고 있는 미세한 범위의 진동 운동에너지의 크기라고 정의

된다. 금속선이나 반도체의 저항 값은 온도에 따라 변화하는 성질이 있다. 또한 종류가 다른 급속선의 결합접점을 가열하여 기전력이 발생하는 경우도 있다. 여기서 발생하는 저항이나 기전력을 측정하여 온도를 구하는 방법이 온도센서의 원리이다.

- Seebeck effect(제백 효과):
  서로 다른 2종류의 도체 반도체의 양쪽 끝을 접합하여 회로를 만들 때 이들 2 접점의 온도를 서로 다르게 하여 주면 이 회로에 기전력이 발생하는 현상

- peltier(펠티의 효과)
  다른 종류의 도체 또는 반도체 접점에 전류를 흘리면 그 접점에 줄 열외의 다른 종류의 열의 발생 또는 흡수가 일어나는 현상. 전류의 방향을 바꾸면 열의 발생과 흡수도 바뀐다.

- Thomason effect(톰슨 효과)
  균질한 금속에 온도 기울기가 있을 때 그것에 전류가 흐르면 열이 흡수되거나 방출되는 현상. 전류를 고온부에서 저온부로 흐르게 하면 철에서는 열을 흡수하고, 구리에서는 열을 방출한다. 철과 같은 물질은 톰슨 효과가 음이라 하고, 구리와 같은 물질은 양이라 한다.

## 2.3 온도 센서 기본 회로도

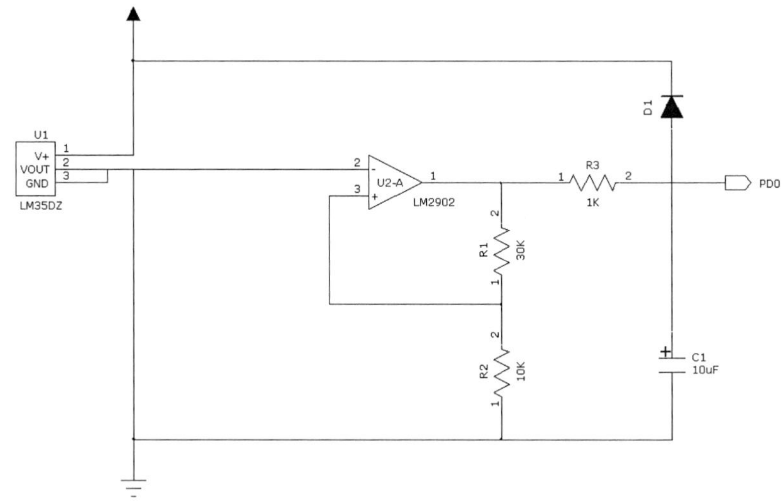


그림 12-1 온도 센서(LM35DZ)의 기본 회로도

[그림 12-1]의 회로를 보면 LM35DZ의 출력 값을 증폭기를 이용하여 증폭하였다. 증폭률은 아래와 같다.

$$Gain = \frac{Vout}{Vin} = (1 + \frac{30K}{10K}) = 4$$

즉 LM35DZ의 출력을 4배 증폭하여 ATmega128로 보낸다.

이 회로에서 출력 측의 R3, C1, D1을 이용하여 출력전압의 잡음 성분제거와 ADC를 위한 출력전압의 최대 전압을 제한하였다.

LM35DZ의 출력은 10mV/℃ 이지만, 그림 35의 회로도에서는 출력전압을 증폭기를 이용하여 4배 증폭하였기 때문에 40mV/℃가 된다. 즉 1℃ 온도 상승시 0.04V의 전압 상승이 일어난다.

## 3 실험

### 3.1 예비보고서

1) 온도센서의 특징에 대해서 조사하여 보자.
2) OPAMP의 기능 및 사용법에 대해서 조사하여 보자.

### 3.2 실험내용

- 실험1

LM35DZ의 출력전압을 증폭하여 ADC한 값을 USART0을 이용하여 PC에 전송하는 프로그램이다.

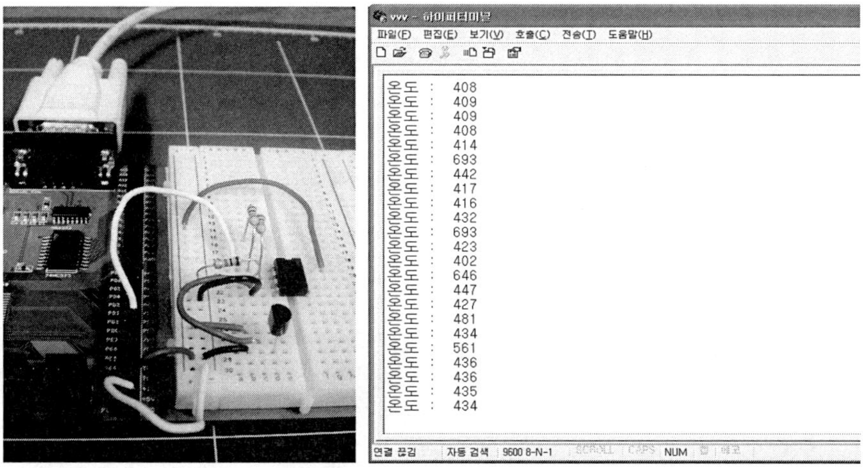


그림 12-2 온도센서 실습

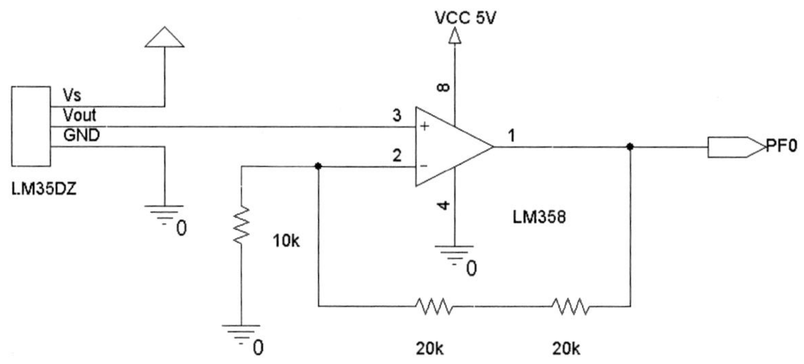


그림 12-3 LM35DZ와 LM358 연결도

1) 아래의 프로그램을 작성하여라.

```
---------- LM35DZ.c ----------

#include <avr/io.h>
#include <avr/iom128.h>

#include "delay.h"

void adc_init()
{
    ADMUX = 0xc0; //PORTF0 사용
    ADCSRA = 0xef;
}

void usart0_init()    //usart0 설정
{
    UBRR0H=0;
    UBRR0L=103; //속도 9600
    UCSR0B=0x98;
   //(1<<RXEN0 | 1<<TXEN0 | 0<<UCSZ02 | 1<<RXCIE0);
    UCSR0C=0x06;  //(1<<UCSZ00 | 1<<UCSZ01 );
}
```

```
void usart_transmit(unsigned char data)
//usrart0 1바이트 송신 함수
{
    while(!(UCSR0A & ( UCSR0A=0X20)));
      UDR0=data;
}

void usart_string0(unsigned char *data) // 문자열을 송
신한다.
{
  unsigned char i;

  for(i=0;*(data+i)!=0;i++)
  {
   if(*(data+i)=='\n')
   {
     usart_transmit(0x0d);
   }
   usart_transmit(*(data+i));
  }
}

void send_data(int data)
{
    usart_transmit(' ');
    usart_transmit((data/100)+48);
    usart_transmit(((data%100)/10)+48);
    usart_transmit((data%10)+48);
}

int main()
{
    int adc_data = 0;
    adc_init();
    usart0_init();
```

```
    while(1)
    {
        adc_data=ADC;
        usart_string0("온도 : ");
        send_data(adc_data);
        usart_string0("\n");
        Delay_ms(100);
    }

    return 0;
}
```

2) 프로그램을 컴파일 후 보드에 다운로드 하고 결과를 확인하라.

- **실험2**

1) LED_BAR를 이용하여 온도에 따라 LED_BAR가 변화는 프로그램을 작성하라.
2) 작성한 프로그램을 컴파일 후 보드에 다운로드하여 결과를 확인하라.

- **실험3**

1) 온도에 따라 DC 모터의 속도가 변화는 프로그램을 작성하라.
2) 작성한 프로그램을 컴파일 후 보드에 다운로드하여 결과를 확인하라.

- **창의적 공학설계**

1) 디지털 온도계를 설계하여 보라.
2) 온도에 따라 속도가 자동 조절 되는 선풍기를 설계하라.

실험 13

# 조도 센서 실습

## 1 실험의 목적

조도 센서의 원리를 이해하고, ATmega128을 이용하여 조도 센서를 제어하여 조도를 측정하여 보자.

## 2 기초내용

### 2.1 Cds 광도전 셀의 개요

광반도체 소자는 크게 발광소자와 수광소자로 나뉘어진다. 발광소자는 전기에너지를 빛으로 변환하는 소자이며, 각종 발광다이오드가 그것이다. 수광소자는 광에너지를 전기에너지로 변환하는 소자이며 광기전력소자와 공도전소자로 나뉘어진다. 광기전력소자는 Si 광전지, Se광전지 등이며 외부전압의 인가를 필요로 하지 않고 광에너지에 의해 기전력을 걸어 빛의 강약에 따라 저항의 변화를 이용하는 소자이다.

즉, 광기전력소자는 포토다이오드, 포토트랜지스터 등 주로 Si를 바탕으로한 PN접합을 이용한 소자이고 광도전 소자는 Cds, CdSe, PbS 등 다결정을 바탕으로 한 소자로 나뉘어진다.

이 중에서 Cds 광도전 셀은 빛이 닿으면 저항값이 감소하는 광도전 효과를 이용한 반도체 광센서이다. CdS 셀에서는 단결정의 소자도 있지만 현재 시판되고 있는 제품은 대부분 다결정 소자이다.

다결정의 경우는  세라믹 등의 기판 위에 미세한 결정층을 형성시키기 때문에 임의의 형상으로 만들 수 있고, 단결정의 소자에 비해 수광면적을 크게 할 수 있으며, 높은 감도를 얻을 수 있는 장점이 있다.

특히 CdS는 분광감도 특성이 인간의 시감도 특성과 유사하기 때문에 주요 용도로서의 자동점멸 장치용 센서, 카메라의 자동노출 장치(AE)의 센서로 사용되고 있다.

## 2.2 Cds 광도전 셀의 구조와 원리

Cds 셀은 원형의 플라스틱 케이스 내에 황화카드뮴을 주성분으로 한 Cds 광도전체가 있고 양옆으로 두 전극이 있다. 투명창을 통해 Cds 도전체에 빛이 조사되면 Cds 셀의 저항 값은 조사광이 강해지면 낮아지고, 조사광이 약해지면 높아진다. 이와 같이 Cds 셀의 저항 값은 빛의 강약에 의해 변화하는 것으로 일종의 가변저항기와 같다.

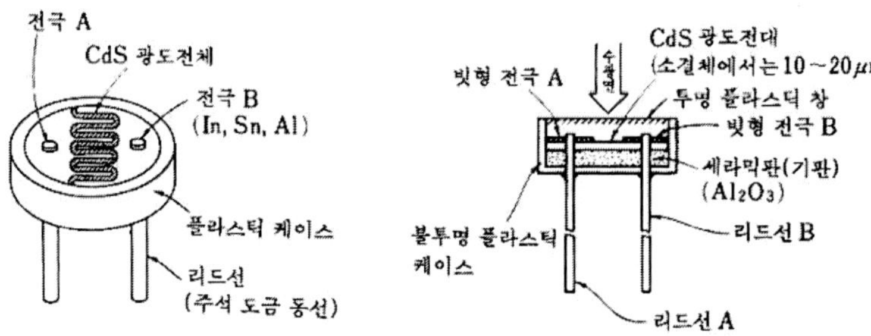


(a) CdS 셀의 외관 모양

(b) CdS 셀의 단면 구조 (플라스틱 케이스형)

그림 13-1 Cds 셀의 외관과 단면 구조

## 2.3 Cds 광도전 셀의 기본 회로

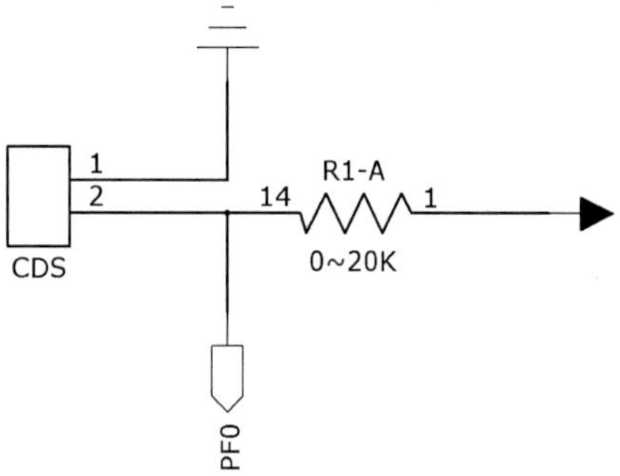


그림 13-2 조도 센서의 기본 회로도〈1〉

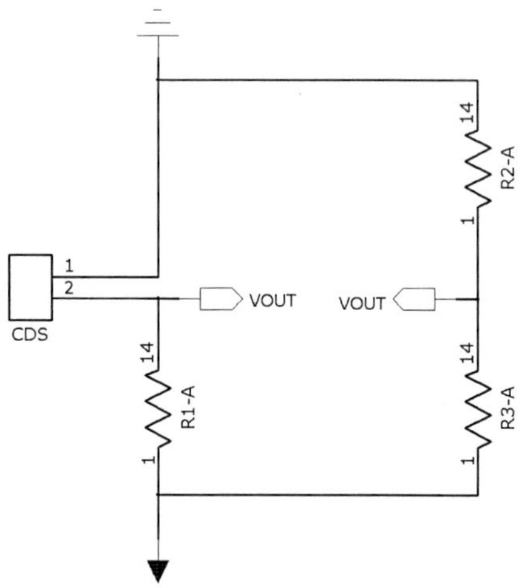


그림 13-3 조도 센서의 기본 회로도〈2〉

$$\text{조도 센서의 출력: } \frac{CDS}{CDS+R1} \times VCC$$

# 3 실험

## 3.1 예비보고서

1) 조도센서의 종류에 대해서 조사하여 보자.
2) CDS 센서의 특징에 대해서 조사하여 보자.

## 3.2 실험내용

- 실험1

CDS 광도전 Cell의 출력을 ADC하여 USART0으로 PC에 전송하는 프로그램이다. 빛의 밝기에 따른 출력 값을 살펴보자.

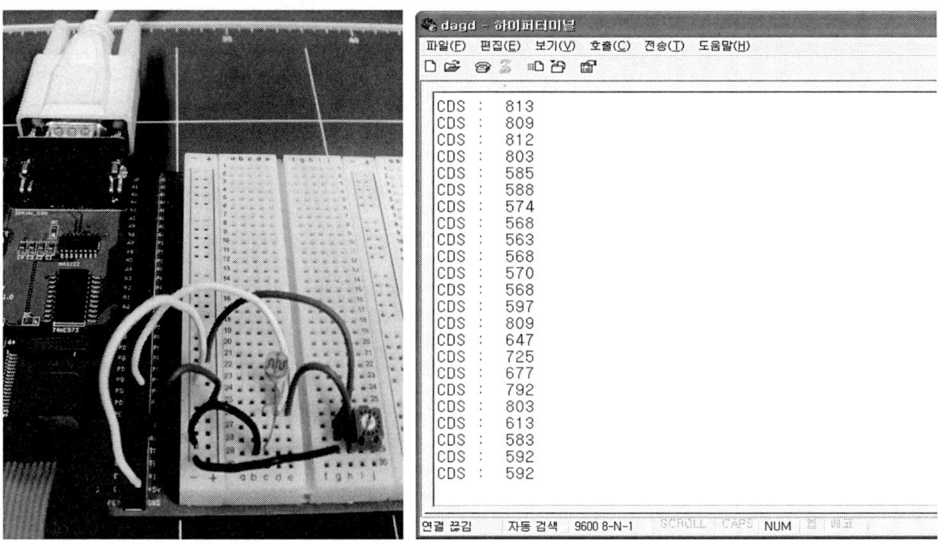


그림 13-4 Cds 광도전 Cell 실습

1) 아래의 프로그램을 작성하여라.

```
---------- CDS.c ----------

#include <avr/io.h>
#include <avr/iom128.h>
```

```
#include "delay.h"

void adc_init()
{
    ADMUX = 0xc0; //PORTF0 사용
    ADCSRA = 0xef;
}

void usart0_init()     //usart0 설정
{
    UBRR0H=0;
    UBRR0L=103; //속도 9600
    UCSR0B=0x98;  //(1<<RXEN0 | 1<<TXEN0 | 0<<UCSZ02 |
1<<RXCIE0);
    UCSR0C=0x06;  //(1<<UCSZ00 | 1<<UCSZ01 );
}

void usart_transmit(unsigned char data)
    //usrart0 1바이트 송신 함수
{
    while(!(UCSR0A & ( UCSR0A=0X20)));
       UDR0=data;
}

void usart_string0(unsigned char *data)
  // 문자열을 송신한다.
{
  unsigned char i;

  for(i=0;*(data+i)!=0;i++)
  {
    if(*(data+i)=='\n')
    {
     usart_transmit(0x0d);
```

```
    }
      usart_transmit(*(data+i));
    }
  }

  void send_data(int data)
  {
      usart_transmit(' ');
      usart_transmit((data/100)+48);
      usart_transmit(((data%100)/10)+48);
      usart_transmit((data%10)+48);
  }

  int main()
  {
      int adc_data = 0;
      adc_init();
      while(1)
      {
            adc_data=ADC;
            usart_string0("CDS : ");
            send_data(adc_data);
            usart_string0("\n");
            Delay_ms(500);
      }
      return 0;
  }
```

2) 프로그램을 컴파일 후 보드에 다운로드 하고 결과를 확인하라.

- **실험2**

1) 조도 센서의 값을 그래픽 LCD에 출력하는 프로그램을 작성하라.

2) 작성한 프로그램을 컴파일하고 보드에 다운로드 하여 결과를 확인하라.

- **실험3**

1) 조도 센서와 LED를 이용하여 조도 값에 따라 LED가 작동하는 프로그램을 작성하라.
2) 작성한 프로그램을 컴파일하고 보드에 다운로드 하여 결과를 확인하라.

- **창의적 공학설계**

1) 디지털 조도계를 설계하여 보라.

실험 14

# 초음파 센서 실습

## 1 실험의 목적

초음파 센서의 원리를 이해하고, ATmega128을 이용하여 초음파 센서를 제어하여 보자.

## 2 기초내용

### 2.1 초음파란?

보통 인간의 귀에서 들을 수 있는 20Hz~10KHz 범위의 가청음보다 높은 주파수 즉, 20KHz 이상의 주파수의 음파를 지칭한다. 여기서 음파란 공기 중이나 수중 또는 고체 내의 탄성 진동성파, 즉 기계적 진동의 전달을 의미하는데 초음파는 인간이 들을 수 없는 주파수의 음파를 가리킨다. 초음파의 응용은 에너지를 이용하는 동력적 응용과 신호로서 이용하는 통신적 응용으로 구분 할 수 있다.

초음파 응용은 군사 탐지용으로 개발한 것인데, 초음파 측심기로 실용화되고 있다. 소나기술은 대폭으로 개량되어 민생용으로 여러 분야에 적용되어 한마디로 초음파라 해도 각 분야에서 이용되는 초음파의 주파수는 낮게는 25KHz 정도에서 높게는 초음파 현미경 등에 사용되는 20MHz 이상까지 분포하고 있다. 또, 같은 초음파라도 그 파가 공기, 수중, 그리고 고체 등 어떤 물질에 존재하느냐에 따라 그 성질이 크게 달라진다. 일반적으로 초음파의 발생이나 검출을 크게 나누면 전자유도현상, 자왜현상, 압전현상의 어느 하나를 이용하고 있다. 어느 것이든 전기 에너지와 탄성 에너지의 변환을 하는 주파기가 있다. 일반적으로 이들은 동일 구조로 초음파의 발생과 검지가 가능하며, 합쳐서 이것을 초음파 센서라고 한다.

## 2.2 초음파 센서란?

초음파의 특성을 이용하거나 초음파를 발생시켜 거리나 두께, 움직임 등을 검출하는 센서, 초음파 용접기, 세척기, 플라스틱 본딩, 가공 등에 이용되는 고음압용과 생산 제어, 비파괴 검사, 침입 검사, 물성 측정, 의료 진단, 지연 선로, 신호 처리 등에 활용되는 저음압용이 있다. 로봇이나 u-센서에서 물체를 지각하고 거리를 측정하는 데 이용되는 초음파 센서로는 음의 발생과 검출을 겸하는 것으로 특정한 결정 구조를 갖는 물질의 압전 소자와 고전압 펄스를 인가할 경우 정전 인력에 의해 진동이 발생하는 정전 효과 방식이 있다.

## 2.3 초음파 센서 측정 원리

초음파 센서의 측정원리는 초음파센서에서 발사된 초음파 펄스가 피 측정물의 표면에서 반사되어 다시 초음파 센서로 되돌아올 때까지의 시간을 측정하여 측정 대상에 따른 정보를 얻는 방법을 사용한다. 즉 초음파를 송신 후 되돌아 올 때까지의 지연시간을 측정하고 공기 중에서 초음파의 온도에 따른 음속을 보상하여 거리를 산출하는 방법을 사용한다. 일반적으로 공기 중에서의 음속은 $V[m/s] = 331.5 + 0.6t$ 로 산출하여 여기서 t는 온도[℃]이다. 위 식에서 공기 중에서는 온도가 1[℃]변화하면 음속은 0.17% 변화하기 때문에 기체의 온도를 측정하여 음속을 보상하는 것이 필요하다. 거리측정은 다음의 식으로 간단히 구할 수 있다.

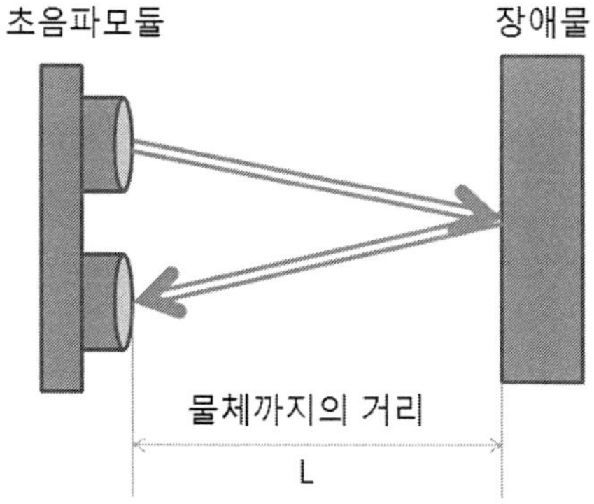


그림 14-1

$$L[m] = \frac{t}{2} u[m]$$

$u$: 기체음속(공기)

$t$: 소요시간[sec]

$L$: 초음파센서에서 측정물체 까지 거리

## 3 실험

### 3.1 예비보고서

1) 초음파에 대하여 조사하여 보자.
2) 초음파를 이용하여 거리를 측정하는 원리를 조사하여 보자.
3) 인터럽트 검출 방식에 대해서 조사하여 보자.
(상승에지, 하강에지 등)

### 3.2 실험내용

- 실험1

초음파센서 SRF05를 SRF04모드로 사용하여 거리를 측정하여 cm단위로 계산하여 PC에 전송하여 하이퍼터미널에 나타내는 프로그램이다. 초음파센서의 동작원리를 알고 거리를 측정하여 보자.

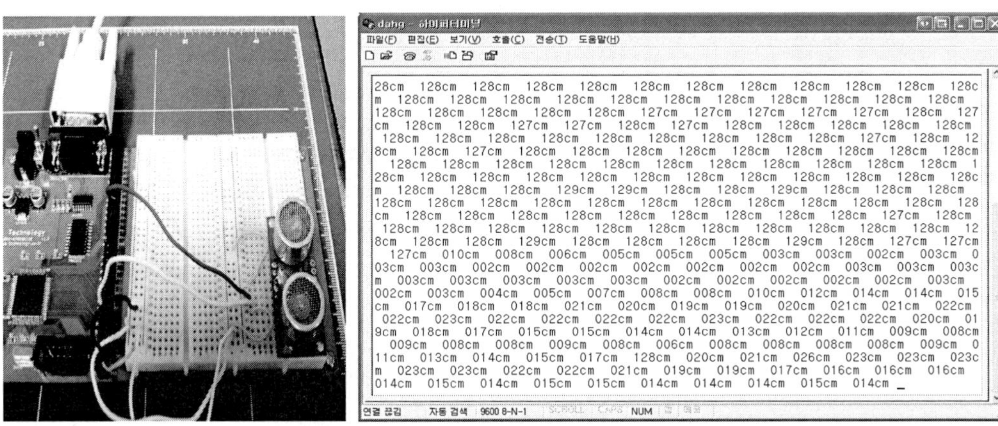

그림 14-2 SRF05를 이용한 초음파센서 실습

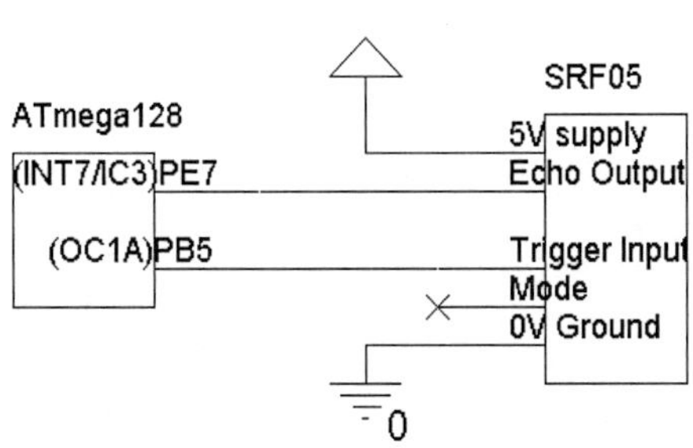


그림 14-3 SRF05(SRF04Mode)연결도

1) 아래의 프로그램을 작성하여라.

```
---------- SRF05.c ----------

#include <avr/io.h>
#include <avr/iom128.h>
#include <avr/interrupt.h>
#include <compat/deprecated.h>

#include "delay.h"

typedef unsigned char   BYTE;
typedef    unsigned int WORD;

volatile WORD cm;
volatile BYTE state;

void port_init()
{
    DDRB = 0xff;
    PORTB = 0xff;
}

void usart0_init()     //usart0 설정
{
    UBRR0H=0;
    UBRR0L=103; //속도 9600
    UCSR0B=0x98;  //(1<<RXEN0 | 1<<TXEN0 | 0<<UCSZ02 |
1<<RXCIE0);
    UCSR0C=0x06;  //(1<<UCSZ00 | 1<<UCSZ01 );
}

void usart_transmit(unsigned char data)
//usrart0 1바이트 송신 함수
```

```
{
    while(!(UCSR0A & ( UCSR0A=0X20)));
       UDR0=data;
}

void usart_string0(BYTE *data)      // 문자열을 송신한다.
{
    BYTE i;

    for(i=0;*(data+i)!=0;i++)
    {
       if(*(data+i)=='\n')
    {
                usart_transmit(0x0d);
    }
    usart_transmit(*(data+i));
    }
}

void timer1_init()
//트리고 신호 출력 주기 50ms, 하이 신호 12us출력
{
    TCCR1A = 0x82;  //모드 14, 출력 OCR1A
    TCCR1B = 0x1b;  //64분주
    ICR1 = 0x2710;  //50ms
    OCR1A = 0x0003;  //12us
}

void timer3_init()
//Echo 신호 체크, 1cm = 5.941 카운트, 58.5125us마다 인터럽
트발생
{
    TCCR3B = 0x01;  //기본 모드.
    TCNT3 = 0xFC52;
}
```

```
void interrupt_init()
{
    EICRB = 0xc0; //INT7번 상승에지에서 인터럽트 발생
    EIMSK = 0x80;
}

void send_data()
{
    usart_transmit(' ');
    usart_transmit((cm/100)+48);
    usart_transmit(((cm%100)/10)+48);
    usart_transmit((cm%10)+48);
    usart_transmit('c');
    usart_transmit('m');
    usart_transmit(' ');
}

int main()
{
    port_init();
    usart0_init();
    timer1_init();
    timer3_init();
    interrupt_init();
    cm = 0;
    state =0;
    sei();
    while(1);
    return 0;
}

ISR(INT7_vect)
{
    if(state==0)  //상승에지 체크
```

```
        {
            ETIMSK = 0x04;
            TCNT3 = 0xFC52;
            cm=0;
            state=1;
            EICRB = 0x80;
        }
        else if(state==1) //하강에지 체크
        {
            ETIMSK = 0x00;
            EICRB = 0xc0;
            state = 0;
            send_data();
        }
    }

ISR(TIMER3_OVF_vect)
{
    cm++;
    TCNT3 = 0xFC52;
}
```

2) 프로그램을 컴파일하여 보드에 다운로드 하고 결과를 확인하라.

- 실험2

1) 초음파 센서의 거리 측정 결과를 FND에 출력하는 프로그램을 작성하라.
2) 작성한 프로그램을 컴파일하고 보드에 다운로드하여 결과를 확인하라.

- **실험3**

1) 초음파 센서를 이용하여 모터의 속도를 제어하는 프로그램을 작성하라.
2) 작성한 프로그램을 컴파일하고 보드에 다운로드하여 결과를 확인하라.

- **창의적 공학설계**

1) 초음파 센서를 이용하여 차량 후방 감지기를 설계하라.
2) 초음파 센서를 이용하여 물체의 외형을 측정할 수 있는 기기를 설계하라.

# • 부록: DATA SHEET

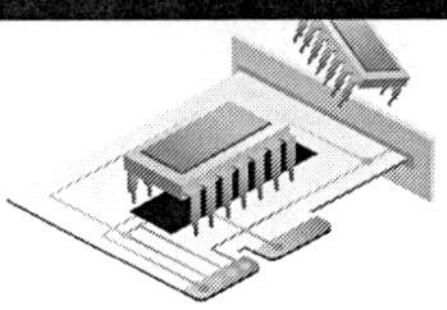

1. ATmega128
2. 그래픽 LCD
3. 캐릭터 LCD
4. 스태핑 모터
5. 온도 센서
6. 조도 센서
7. 초음파 센서
8. OP-AMP

## Features

- High-performance, Low-power AVR® 8-bit Microcontroller
- Advanced RISC Architecture
  - 133 Powerful Instructions – Most Single Clock Cycle Execution
  - 32 x 8 General Purpose Working Registers + Peripheral Control Registers
  - Fully Static Operation
  - Up to 16 MIPS Throughput at 16 MHz
  - On-chip 2-cycle Multiplier
- Nonvolatile Program and Data Memories
  - 128K Bytes of In-System Reprogrammable Flash
    Endurance: 10,000 Write/Erase Cycles
  - Optional Boot Code Section with Independent Lock Bits
    In-System Programming by On-chip Boot Program
    True Read-While-Write Operation
  - 4K Bytes EEPROM
    Endurance: 100,000 Write/Erase Cycles
  - 4K Bytes Internal SRAM
  - Up to 64K Bytes Optional External Memory Space
  - Programming Lock for Software Security
  - SPI Interface for In-System Programming
- JTAG (IEEE std. 1149.1 Compliant) Interface
  - Boundary-scan Capabilities According to the JTAG Standard
  - Extensive On-chip Debug Support
  - Programming of Flash, EEPROM, Fuses and Lock Bits through the JTAG Interface
- Peripheral Features
  - Two 8-bit Timer/Counters with Separate Prescalers and Compare Modes
  - Two Expanded 16-bit Timer/Counters with Separate Prescaler, Compare Mode and Capture Mode
  - Real Time Counter with Separate Oscillator
  - Two 8-bit PWM Channels
  - 6 PWM Channels with Programmable Resolution from 2 to 16 Bits
  - Output Compare Modulator
  - 8-channel, 10-bit ADC
    8 Single-ended Channels
    7 Differential Channels
    2 Differential Channels with Programmable Gain at 1x, 10x, or 200x
  - Byte-oriented Two-wire Serial Interface
  - Dual Programmable Serial USARTs
  - Master/Slave SPI Serial Interface
  - Programmable Watchdog Timer with On-chip Oscillator
  - On-chip Analog Comparator
- Special Microcontroller Features
  - Power-on Reset and Programmable Brown-out Detection
  - Internal Calibrated RC Oscillator
  - External and Internal Interrupt Sources
  - Six Sleep Modes: Idle, ADC Noise Reduction, Power-save, Power-down, Standby, and Extended Standby
  - Software Selectable Clock Frequency
  - ATmega103 Compatibility Mode Selected by a Fuse
  - Global Pull-up Disable
- I/O and Packages
  - 53 Programmable I/O Lines
  - 64-lead TQFP and 64-pad MLF
- Operating Voltages
  - 2.7 - 5.5V for ATmega128L
  - 4.5 - 5.5V for ATmega128
- Speed Grades
  - 0 - 8 MHz for ATmega128L
  - 0 - 16 MHz for ATmega128

# 8-bit AVR® Microcontroller with 128K Bytes In-System Programmable Flash

## ATmega128 ATmega128L

## Preliminary Summary

Rev. 2467KS–AVR–03/04

Note: This is a summary document. A complete document is available on our Web site at www.atmel.com.

## Pin Configurations

**Figure 1.** Pinout ATmega128

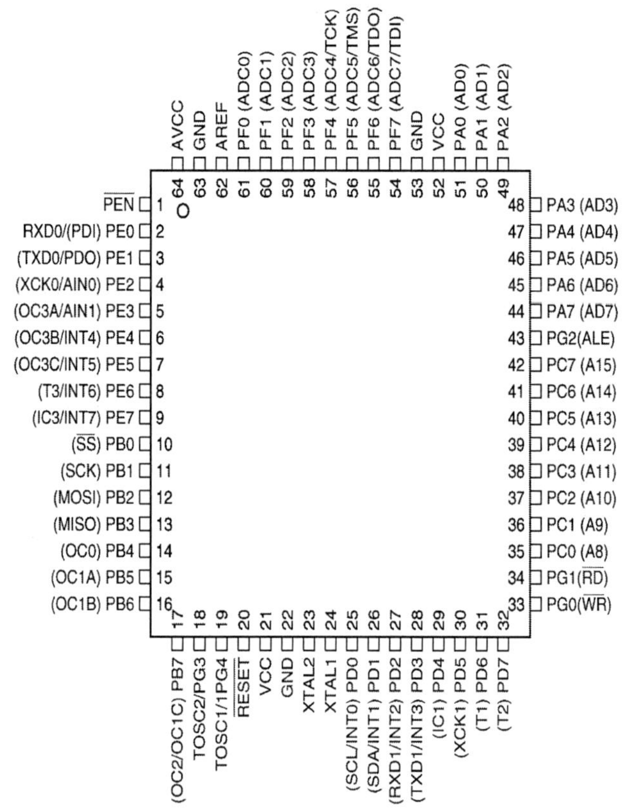


## Overview

The ATmega128 is a low-power CMOS 8-bit microcontroller based on the AVR enhanced RISC architecture. By executing powerful instructions in a single clock cycle, the ATmega128 achieves throughputs approaching 1 MIPS per MHz allowing the system designer to optimize power consumption versus processing speed.



2467KS–AVR–03/04

## Block Diagram

**Figure 2.** Block Diagram

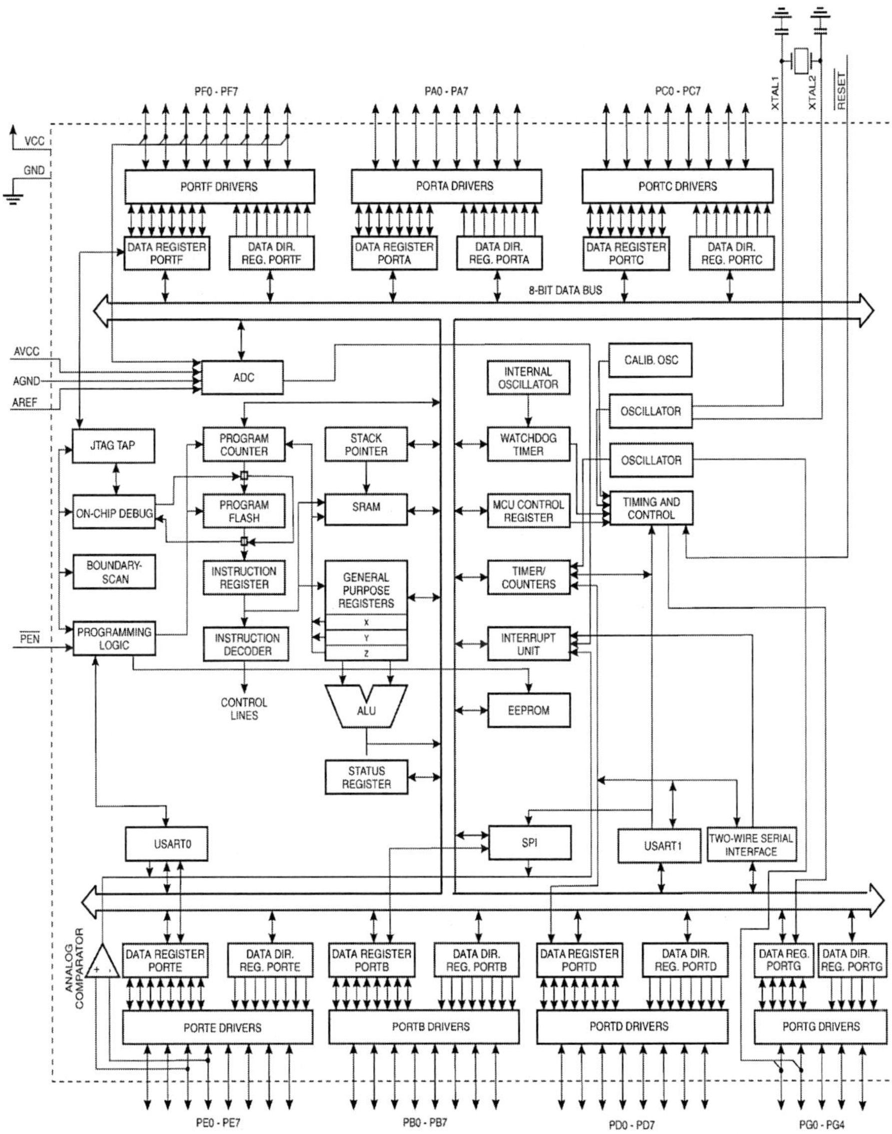

The AVR core combines a rich instruction set with 32 general purpose working registers. All the 32 registers are directly connected to the Arithmetic Logic Unit (ALU), allowing two independent registers to be accessed in one single instruction executed in one clock cycle. The resulting architecture is more code efficient while achieving throughputs up to ten times faster than conventional CISC microcontrollers.

The ATmega128 provides the following features: 128K bytes of In-System Programmable Flash with Read-While-Write capabilities, 4K bytes EEPROM, 4K bytes SRAM, 53 general purpose I/O lines, 32 general purpose working registers, Real Time Counter (RTC), four flexible Timer/Counters with compare modes and PWM, 2 USARTs, a byte oriented Two-wire Serial Interface, an 8-channel, 10-bit ADC with optional differential input stage with programmable gain, programmable Watchdog Timer with Internal Oscillator, an SPI serial port, IEEE std. 1149.1 compliant JTAG test interface, also used for accessing the On-chip Debug system and programming and six software selectable power saving modes. The Idle mode stops the CPU while allowing the SRAM, Timer/Counters, SPI port, and interrupt system to continue functioning. The Power-down mode saves the register contents but freezes the Oscillator, disabling all other chip functions until the next interrupt or Hardware Reset. In Power-save mode, the asynchronous timer continues to run, allowing the user to maintain a timer base while the rest of the device is sleeping. The ADC Noise Reduction mode stops the CPU and all I/O modules except Asynchronous Timer and ADC, to minimize switching noise during ADC conversions. In Standby mode, the Crystal/Resonator Oscillator is running while the rest of the device is sleeping. This allows very fast start-up combined with low power consumption. In Extended Standby mode, both the main Oscillator and the Asynchronous Timer continue to run.

The device is manufactured using Atmel's high-density nonvolatile memory technology. The On-chip ISP Flash allows the program memory to be reprogrammed in-system through an SPI serial interface, by a conventional nonvolatile memory programmer, or by an On-chip Boot program running on the AVR core. The boot program can use any interface to download the application program in the application Flash memory. Software in the Boot Flash section will continue to run while the Application Flash section is updated, providing true Read-While-Write operation. By combining an 8-bit RISC CPU with In-System Self-Programmable Flash on a monolithic chip, the Atmel ATmega128 is a powerful microcontroller that provides a highly flexible and cost effective solution to many embedded control applications.

The ATmega128 AVR is supported with a full suite of program and system development tools including: C compilers, macro assemblers, program debugger/simulators, in-circuit emulators, and evaluation kits.

## ATmega103 and ATmega128 Compatibility

The ATmega128 is a highly complex microcontroller where the number of I/O locations supersedes the 64 I/O locations reserved in the AVR instruction set. To ensure backward compatibility with the ATmega103, all I/O locations present in ATmega103 have the same location in ATmega128. Most additional I/O locations are added in an Extended I/O space starting from $60 to $FF, (i.e., in the ATmega103 internal RAM space). These locations can be reached by using LD/LDS/LDD and ST/STS/STD instructions only, not by using IN and OUT instructions. The relocation of the internal RAM space may still be a problem for ATmega103 users. Also, the increased number of interrupt vectors might be a problem if the code uses absolute addresses. To solve these problems, an ATmega103 compatibility mode can be selected by programming the fuse M103C. In this mode, none of the functions in the Extended I/O space are in use, so the internal RAM is located as in ATmega103. Also, the Extended Interrupt vectors are removed.

# ATmega128

The ATmega128 is 100% pin compatible with ATmega103, and can replace the ATmega103 on current Printed Circuit Boards. The application note "Replacing ATmega103 by ATmega128" describes what the user should be aware of replacing the ATmega103 by an ATmega128.

**ATmega103 Compatibility Mode**

By programming the M103C fuse, the ATmega128 will be compatible with the ATmega103 regards to RAM, I/O pins and interrupt vectors as described above. However, some new features in ATmega128 are not available in this compatibility mode, these features are listed below:

- One USART instead of two, Asynchronous mode only. Only the eight least significant bits of the Baud Rate Register is available.
- One 16 bits Timer/Counter with two compare registers instead of two 16-bit Timer/Counters with three compare registers.
- Two-wire serial interface is not supported.
- Port C is output only.
- Port G serves alternate functions only (not a general I/O port).
- Port F serves as digital input only in addition to analog input to the ADC.
- Boot Loader capabilities is not supported.
- It is not possible to adjust the frequency of the internal calibrated RC Oscillator.
- The External Memory Interface can not release any Address pins for general I/O, neither configure different wait-states to different External Memory Address sections.

In addition, there are some other minor differences to make it more compatible to ATmega103:

- Only EXTRF and PORF exists in MCUCSR.
- Timed sequence not required for Watchdog Time-out change.
- External Interrupt pins 3 - 0 serve as level interrupt only.
- USART has no FIFO buffer, so data overrun comes earlier.

Unused I/O bits in ATmega103 should be written to 0 to ensure same operation in ATmega128.

## Pin Descriptions

**VCC**

Digital supply voltage.

**GND**

Ground.

**Port A (PA7..PA0)**

Port A is an 8-bit bi-directional I/O port with internal pull-up resistors (selected for each bit). The Port A output buffers have symmetrical drive characteristics with both high sink and source capability. As inputs, Port A pins that are externally pulled low will source current if the pull-up resistors are activated. The Port A pins are tri-stated when a reset condition becomes active, even if the clock is not running.

Port A also serves the functions of various special features of the ATmega128 as listed on page 70.

**Port B (PB7..PB0)**

Port B is an 8-bit bi-directional I/O port with internal pull-up resistors (selected for each bit). The Port B output buffers have symmetrical drive characteristics with both high sink and source capability. As inputs, Port B pins that are externally pulled low will source current if the pull-up resistors are activated. The Port B pins are tri-stated when a reset condition becomes active, even if the clock is not running.

Port B also serves the functions of various special features of the ATmega128 as listed on page 71.

**Port C (PC7..PC0)**

Port C is an 8-bit bi-directional I/O port with internal pull-up resistors (selected for each bit). The Port C output buffers have symmetrical drive characteristics with both high sink and source capability. As inputs, Port C pins that are externally pulled low will source current if the pull-up resistors are activated. The Port C pins are tri-stated when a reset condition becomes active, even if the clock is not running.

Port C also serves the functions of special features of the ATmega128 as listed on page 74. In ATmega103 compatibility mode, Port C is output only, and the port C pins are **not** tri-stated when a reset condition becomes active.

**Port D (PD7..PD0)**

Port D is an 8-bit bi-directional I/O port with internal pull-up resistors (selected for each bit). The Port D output buffers have symmetrical drive characteristics with both high sink and source capability. As inputs, Port D pins that are externally pulled low will source current if the pull-up resistors are activated. The Port D pins are tri-stated when a reset condition becomes active, even if the clock is not running.

Port D also serves the functions of various special features of the ATmega128 as listed on page 75.

**Port E (PE7..PE0)**

Port E is an 8-bit bi-directional I/O port with internal pull-up resistors (selected for each bit). The Port E output buffers have symmetrical drive characteristics with both high sink and source capability. As inputs, Port E pins that are externally pulled low will source current if the pull-up resistors are activated. The Port E pins are tri-stated when a reset condition becomes active, even if the clock is not running.

Port E also serves the functions of various special features of the ATmega128 as listed on page 78.

**Port F (PF7..PF0)**

Port F serves as the analog inputs to the A/D Converter.

Port F also serves as an 8-bit bi-directional I/O port, if the A/D Converter is not used. Port pins can provide internal pull-up resistors (selected for each bit). The Port F output buffers have symmetrical drive characteristics with both high sink and source capability. As inputs, Port F pins that are externally pulled low will source current if the pull-up resistors are activated. The Port F pins are tri-stated when a reset condition becomes active, even if the clock is not running. If the JTAG interface is enabled, the pull-up resistors on pins PF7(TDI), PF5(TMS), and PF4(TCK) will be activated even if a Reset occurs.

The TDO pin is tri-stated unless TAP states that shift out data are entered.

Port F also serves the functions of the JTAG interface.

In ATmega103 compatibility mode, Port F is an input Port only.

**Port G (PG4..PG0)**

Port G is a 5-bit bi-directional I/O port with internal pull-up resistors (selected for each bit). The Port G output buffers have symmetrical drive characteristics with both high sink and source capability. As inputs, Port G pins that are externally pulled low will source current if the pull-up resistors are activated. The Port G pins are tri-stated when a reset condition becomes active, even if the clock is not running.

Port G also serves the functions of various special features.

## ATmega128

The port G pins are tri-stated when a reset condition becomes active, even if the clock is not running.

In ATmega103 compatibility mode, these pins only serves as strobes signals to the external memory as well as input to the 32 kHz Oscillator, and the pins are initialized to PG0 = 1, PG1 = 1, and PG2 = 0 asynchronously when a reset condition becomes active, even if the clock is not running. PG3 and PG4 are oscillator pins.

**$\overline{\text{RESET}}$**

Reset input. A low level on this pin for longer than the minimum pulse length will generate a reset, even if the clock is not running. The minimum pulse length is given in Table 19 on page 48. Shorter pulses are not guaranteed to generate a reset.

**XTAL1**

Input to the inverting Oscillator amplifier and input to the internal clock operating circuit.

**XTAL2**

Output from the inverting Oscillator amplifier.

**AVCC**

AVCC is the supply voltage pin for Port F and the A/D Converter. It should be externally connected to $V_{CC}$, even if the ADC is not used. If the ADC is used, it should be connected to $V_{CC}$ through a low-pass filter.

**AREF**

AREF is the analog reference pin for the A/D Converter.

**PEN**

PEN is a programming enable pin for the SPI Serial Programming mode. By holding this pin low during a Power-on Reset, the device will enter the SPI Serial Programming mode. $\overline{\text{PEN}}$ has no function during normal operation.

## Register Summary

| Address | Name | Bit 7 | Bit 6 | Bit 5 | Bit 4 | Bit 3 | Bit 2 | Bit 1 | Bit 0 | Page |
|---|---|---|---|---|---|---|---|---|---|---|
| ($FF) | Reserved | – | – | – | – | – | – | – | – | |
| .. | Reserved | – | – | – | – | – | – | – | – | |
| ($9E) | Reserved | – | – | – | – | – | – | – | – | |
| ($9D) | UCSR1C | – | UMSEL1 | UPM11 | UPM10 | USBS1 | UCSZ11 | UCSZ10 | UCPOL1 | 192 |
| ($9C) | UDR1 | USART1 I/O Data Register | | | | | | | | 190 |
| ($9B) | UCSR1A | RXC1 | TXC1 | UDRE1 | FE1 | DOR1 | UPE1 | U2X1 | MPCM1 | 190 |
| ($9A) | UCSR1B | RXCIE1 | TXCIE1 | UDRIE1 | RXEN1 | TXEN1 | UCSZ12 | RXB81 | TXB81 | 191 |
| ($99) | UBRR1L | USART1 Baud Rate Register Low | | | | | | | | 194 |
| ($98) | UBRR1H | – | – | – | – | USART1 Baud Rate Register High | | | | 194 |
| ($97) | Reserved | – | – | – | – | – | – | – | – | |
| ($96) | Reserved | – | – | – | – | – | – | – | – | |
| ($95) | UCSR0C | – | UMSEL0 | UPM01 | UPM00 | USBS0 | UCSZ01 | UCSZ00 | UCPOL0 | 192 |
| ($94) | Reserved | – | – | – | – | – | – | – | – | |
| ($93) | Reserved | – | – | – | – | – | – | – | – | |
| ($92) | Reserved | – | – | – | – | – | – | – | – | |
| ($91) | Reserved | – | – | – | – | – | – | – | – | |
| ($90) | UBRR0H | – | – | – | – | USART0 Baud Rate Register High | | | | 194 |
| ($8F) | Reserved | – | – | – | – | – | – | – | – | |
| ($8E) | Reserved | – | – | – | – | – | – | – | – | |
| ($8D) | Reserved | – | – | – | – | – | – | – | – | |
| ($8C) | TCCR3C | FOC3A | FOC3B | FOC3C | – | – | – | – | – | 136 |
| ($8B) | TCCR3A | COM3A1 | COM3A0 | COM3B1 | COM3B0 | COM3C1 | COM3C0 | WGM31 | WGM30 | 131 |
| ($8A) | TCCR3B | ICNC3 | ICES3 | – | WGM33 | WGM32 | CS32 | CS31 | CS30 | 135 |
| ($89) | TCNT3H | Timer/Counter3 – Counter Register High Byte | | | | | | | | 137 |
| ($88) | TCNT3L | Timer/Counter3 – Counter Register Low Byte | | | | | | | | 137 |
| ($87) | OCR3AH | Timer/Counter3 – Output Compare Register A High Byte | | | | | | | | 137 |
| ($86) | OCR3AL | Timer/Counter3 – Output Compare Register A Low Byte | | | | | | | | 137 |
| ($85) | OCR3BH | Timer/Counter3 – Output Compare Register B High Byte | | | | | | | | 138 |
| ($84) | OCR3BL | Timer/Counter3 – Output Compare Register B Low Byte | | | | | | | | 138 |
| ($83) | OCR3CH | Timer/Counter3 – Output Compare Register C High Byte | | | | | | | | 138 |
| ($82) | OCR3CL | Timer/Counter3 – Output Compare Register C Low Byte | | | | | | | | 138 |
| ($81) | ICR3H | Timer/Counter3 – Input Capture Register High Byte | | | | | | | | 138 |
| ($80) | ICR3L | Timer/Counter3 – Input Capture Register Low Byte | | | | | | | | 138 |
| ($7F) | Reserved | – | – | – | – | – | – | – | – | |
| ($7E) | Reserved | – | – | – | – | – | – | – | – | |
| ($7D) | ETIMSK | – | – | TICIE3 | OCIE3A | OCIE3B | TOIE3 | OCIE3C | OCIE1C | 139 |
| ($7C) | ETIFR | – | – | ICF3 | OCF3A | OCF3B | TOV3 | OCF3C | OCF1C | 140 |
| ($7B) | Reserved | – | – | – | – | – | – | – | – | |
| ($7A) | TCCR1C | FOC1A | FOC1B | FOC1C | – | – | – | – | – | 136 |
| ($79) | OCR1CH | Timer/Counter1 – Output Compare Register C High Byte | | | | | | | | 137 |
| ($78) | OCR1CL | Timer/Counter1 – Output Compare Register C Low Byte | | | | | | | | 137 |
| ($77) | Reserved | – | – | – | – | – | – | – | – | |
| ($76) | Reserved | – | – | – | – | – | – | – | – | |
| ($75) | Reserved | – | – | – | – | – | – | – | – | |
| ($74) | TWCR | TWINT | TWEA | TWSTA | TWSTO | TWWC | TWEN | – | TWIE | 207 |
| ($73) | TWDR | Two-wire Serial Interface Data Register | | | | | | | | 209 |
| ($72) | TWAR | TWA6 | TWA5 | TWA4 | TWA3 | TWA2 | TWA1 | TWA0 | TWGCE | 209 |
| ($71) | TWSR | TWS7 | TWS6 | TWS5 | TWS4 | TWS3 | – | TWPS1 | TWPS0 | 208 |
| ($70) | TWBR | Two-wire Serial Interface Bit Rate Register | | | | | | | | 207 |
| ($6F) | OSCCAL | Oscillator Calibration Register | | | | | | | | 39 |
| ($6E) | Reserved | – | – | – | – | – | – | – | – | |
| ($6D) | XMCRA | – | SRL2 | SRL1 | SRL0 | SRW01 | SRW00 | SRW11 | | 29 |
| ($6C) | XMCRB | XMBK | – | – | – | – | XMM2 | XMM1 | XMM0 | 31 |
| ($6B) | Reserved | – | – | – | – | – | – | – | – | |
| ($6A) | EICRA | ISC31 | ISC30 | ISC21 | ISC20 | ISC11 | ISC10 | ISC01 | ISC00 | 87 |
| ($69) | Reserved | – | – | – | – | – | – | – | – | |
| ($68) | SPMCSR | SPMIE | RWWSB | – | RWWSRE | BLBSET | PGWRT | PGERS | SPMEN | 280 |
| ($67) | Reserved | – | – | – | – | – | – | – | – | |
| ($66) | Reserved | – | – | – | – | – | – | – | – | |
| ($65) | PORTG | – | – | – | PORTG4 | PORTG3 | PORTG2 | PORTG1 | PORTG0 | 86 |
| ($64) | DDRG | – | – | – | DDG4 | DDG3 | DDG2 | DDG1 | DDG0 | 86 |
| ($63) | PING | – | – | – | PING4 | PING3 | PING2 | PING1 | PING0 | 86 |
| ($62) | PORTF | PORTF7 | PORTF6 | PORTF5 | PORTF4 | PORTF3 | PORTF2 | PORTF1 | PORTF0 | 85 |

## Register Summary (Continued)

| Address | Name | Bit 7 | Bit 6 | Bit 5 | Bit 4 | Bit 3 | Bit 2 | Bit 1 | Bit 0 | Page |
|---|---|---|---|---|---|---|---|---|---|---|
| ($61) | DDRF | DDF7 | DDF6 | DDF5 | DDF4 | DDF3 | DDF2 | DDF1 | DDF0 | 86 |
| ($60) | Reserved | – | – | – | – | – | – | – | – | |
| $3F ($5F) | SREG | I | T | H | S | V | N | Z | C | 9 |
| $3E ($5E) | SPH | SP15 | SP14 | SP13 | SP12 | SP11 | SP10 | SP9 | SP8 | 12 |
| $3D ($5D) | SPL | SP7 | SP6 | SP5 | SP4 | SP3 | SP2 | SP1 | SP0 | 12 |
| $3C ($5C) | XDIV | XDIVEN | XDIV6 | XDIV5 | XDIV4 | XDIV3 | XDIV2 | XDIV1 | XDIV0 | 41 |
| $3B ($5B) | RAMPZ | – | – | – | – | – | – | – | RAMPZ0 | 12 |
| $3A ($5A) | EICRB | ISC71 | ISC70 | ISC61 | ISC60 | ISC51 | ISC50 | ISC41 | ISC40 | 88 |
| $39 ($59) | EIMSK | INT7 | INT6 | INT5 | INT4 | INT3 | INT2 | INT1 | INT0 | 89 |
| $38 ($58) | EIFR | INTF7 | INTF6 | INTF5 | INTF4 | INTF3 | INTF | INTF1 | INTF0 | 89 |
| $37 ($57) | TIMSK | OCIE2 | TOIE2 | TICIE1 | OCIE1A | OCIE1B | TOIE1 | OCIE0 | TOIE0 | 106, 139, 159 |
| $36 ($56) | TIFR | OCF2 | TOV2 | ICF1 | OCF1A | OCF1B | TOV1 | OCF0 | TOV0 | 106, 140, 159 |
| $35 ($55) | MCUCR | SRE | SRW10 | SE | SM1 | SM0 | SM2 | IVSEL | IVCE | 29, 42, 61 |
| $34 ($54) | MCUCSR | JTD | – | – | JTRF | WDRF | BORF | EXTRF | PORF | 51, 257 |
| $33 ($53) | TCCR0 | FOC0 | WGM00 | COM01 | COM00 | WGM01 | CS02 | CS01 | CS00 | 101 |
| $32 ($52) | TCNT0 | Timer/Counter0 (8 Bit) | | | | | | | | 103 |
| $31 ($51) | OCR0 | Timer/Counter0 Output Compare Register | | | | | | | | 103 |
| $30 ($50) | ASSR | – | – | – | – | AS0 | TCN0UB | OCR0UB | TCR0UB | 104 |
| $2F ($4F) | TCCR1A | COM1A1 | COM1A0 | COM1B1 | COM1B0 | COM1C1 | COM1C0 | WGM11 | WGM10 | 131 |
| $2E ($4E) | TCCR1B | ICNC1 | ICES1 | – | WGM13 | WGM12 | CS12 | CS11 | CS10 | 135 |
| $2D ($4D) | TCNT1H | Timer/Counter1 – Counter Register High Byte | | | | | | | | 137 |
| $2C ($4C) | TCNT1L | Timer/Counter1 – Counter Register Low Byte | | | | | | | | 137 |
| $2B ($4B) | OCR1AH | Timer/Counter1 – Output Compare Register A High Byte | | | | | | | | 137 |
| $2A ($4A) | OCR1AL | Timer/Counter1 – Output Compare Register A Low Byte | | | | | | | | 137 |
| $29 ($49) | OCR1BH | Timer/Counter1 – Output Compare Register B High Byte | | | | | | | | 137 |
| $28 ($48) | OCR1BL | Timer/Counter1 – Output Compare Register B Low Byte | | | | | | | | 137 |
| $27 ($47) | ICR1H | Timer/Counter1 – Input Capture Register High Byte | | | | | | | | 138 |
| $26 ($46) | ICR1L | Timer/Counter1 – Input Capture Register Low Byte | | | | | | | | 138 |
| $25 ($45) | TCCR2 | FOC2 | WGM20 | COM21 | COM20 | WGM21 | CS22 | CS21 | CS20 | 157 |
| $24 ($44) | TCNT2 | Timer/Counter2 (8 Bit) | | | | | | | | 159 |
| $23 ($43) | OCR2 | Timer/Counter2 Output Compare Register | | | | | | | | 159 |
| $22 ($42) | OCDR | IDRD/OCDR7 | OCDR6 | OCDR5 | OCDR4 | OCDR3 | OCDR2 | OCDR1 | OCDR0 | 254 |
| $21 ($41) | WDTCR | – | – | – | WDCE | WDE | WDP2 | WDP1 | WDP0 | 53 |
| $20 ($40) | SFIOR | TSM | – | – | – | ACME | PUD | PSR0 | PSR321 | 70, 107, 144, 229 |
| $1F ($3F) | EEARH | – | – | – | – | EEPROM Address Register High | | | | 19 |
| $1E ($3E) | EEARL | EEPROM Address Register Low Byte | | | | | | | | 19 |
| $1D ($3D) | EEDR | EEPROM Data Register | | | | | | | | 20 |
| $1C ($3C) | EECR | – | – | – | – | EERIE | EEMWE | EEWE | EERE | 20 |
| $1B ($3B) | PORTA | PORTA7 | PORTA6 | PORTA5 | PORTA4 | PORTA3 | PORTA2 | PORTA1 | PORTA0 | 84 |
| $1A ($3A) | DDRA | DDA7 | DDA6 | DDA5 | DDA4 | DDA3 | DDA2 | DDA1 | DDA0 | 84 |
| $19 ($39) | PINA | PINA7 | PINA6 | PINA5 | PINA4 | PINA3 | PINA2 | PINA1 | PINA0 | 84 |
| $18 ($38) | PORTB | PORTB7 | PORTB6 | PORTB5 | PORTB4 | PORTB3 | PORTB2 | PORTB1 | PORTB0 | 84 |
| $17 ($37) | DDRB | DDB7 | DDB6 | DDB5 | DDB4 | DDB3 | DDB2 | DDB1 | DDB0 | 84 |
| $16 ($36) | PINB | PINB7 | PINB6 | PINB5 | PINB4 | PINB3 | PINB2 | PINB1 | PINB0 | 84 |
| $15 ($35) | PORTC | PORTC7 | PORTC6 | PORTC5 | PORTC4 | PORTC3 | PORTC2 | PORTC1 | PORTC0 | 84 |
| $14 ($34) | DDRC | DDC7 | DDC6 | DDC5 | DDC4 | DDC3 | DDC2 | DDC1 | DDC0 | 84 |
| $13 ($33) | PINC | PINC7 | PINC6 | PINC5 | PINC4 | PINC3 | PINC2 | PINC1 | PINC0 | 85 |
| $12 ($32) | PORTD | PORTD7 | PORTD6 | PORTD5 | PORTD4 | PORTD3 | PORTD2 | PORTD1 | PORTD0 | 85 |
| $11 ($31) | DDRD | DDD7 | DDD6 | DDD5 | DDD4 | DDD3 | DDD2 | DDD1 | DDD0 | 85 |
| $10 ($30) | PIND | PIND7 | PIND6 | PIND5 | PIND4 | PIND3 | PIND2 | PIND1 | PIND0 | 85 |
| $0F ($2F) | SPDR | SPI Data Register | | | | | | | | 169 |
| $0E ($2E) | SPSR | SPIF | WCOL | – | – | – | – | – | SPI2X | 169 |
| $0D ($2D) | SPCR | SPIE | SPE | DORD | MSTR | CPOL | CPHA | SPR1 | SPR0 | 167 |
| $0C ($2C) | UDR0 | USART0 I/O Data Register | | | | | | | | 190 |
| $0B ($2B) | UCSR0A | RXC0 | TXC0 | UDRE0 | FE0 | DOR0 | UPE0 | U2X0 | MPCM0 | 190 |
| $0A ($2A) | UCSR0B | RXCIE0 | TXCIE0 | UDRIE0 | RXEN0 | TXEN0 | UCSZ02 | RXB80 | TXB80 | 191 |
| $09 ($29) | UBRR0L | USART0 Baud Rate Register Low | | | | | | | | 194 |
| $08 ($28) | ACSR | ACD | ACBG | ACO | ACI | ACIE | ACIC | ACIS1 | ACIS0 | 229 |
| $07 ($27) | ADMUX | REFS1 | REFS0 | ADLAR | MUX4 | MUX3 | MUX2 | MUX1 | MUX0 | 245 |
| $06 ($26) | ADCSRA | ADEN | ADSC | ADFR | ADIF | ADIE | ADPS2 | ADPS1 | ADPS0 | 246 |
| $05 ($25) | ADCH | ADC Data Register High Byte | | | | | | | | 247 |
| $04 ($24) | ADCL | ADC Data Register Low byte | | | | | | | | 247 |
| $03 ($23) | PORTE | PORTE7 | PORTE6 | PORTE5 | PORTE4 | PORTE3 | PORTE2 | PORTE1 | PORTE0 | 85 |
| $02 ($22) | DDRE | DDE7 | DDE6 | DDE5 | DDE4 | DDE3 | DDE2 | DDE1 | DDE0 | 85 |

## Register Summary (Continued)

| Address | Name | Bit 7 | Bit 6 | Bit 5 | Bit 4 | Bit 3 | Bit 2 | Bit 1 | Bit 0 | Page |
|---|---|---|---|---|---|---|---|---|---|---|
| $01 ($21) | PINE | PINE7 | PINE6 | PINE5 | PINE4 | PINE3 | PINE2 | PINE1 | PINE0 | 85 |
| $00 ($20) | PINF | PINF7 | PINF6 | PINF5 | PINF4 | PINF3 | PINF2 | PINF1 | PINF0 | 86 |

Notes: 1. For compatibility with future devices, reserved bits should be written to zero if accessed. Reserved I/O memory addresses should never be written.

2. Some of the status flags are cleared by writing a logical one to them. Note that the CBI and SBI instructions will operate on all bits in the I/O register, writing a one back into any flag read as set, thus clearing the flag. The CBI and SBI instructions work with registers $00 to $1F only.

## Instruction Set Summary

| Mnemonics | Operands | Description | Operation | Flags | #Clocks |
|---|---|---|---|---|---|
| **ARITHMETIC AND LOGIC INSTRUCTIONS** | | | | | |
| ADD | Rd, Rr | Add two Registers | Rd ← Rd + Rr | Z,C,N,V,H | 1 |
| ADC | Rd, Rr | Add with Carry two Registers | Rd ← Rd + Rr + C | Z,C,N,V,H | 1 |
| ADIW | Rdl,K | Add Immediate to Word | Rdh:Rdl ← Rdh:Rdl + K | Z,C,N,V,S | 2 |
| SUB | Rd, Rr | Subtract two Registers | Rd ← Rd - Rr | Z,C,N,V,H | 1 |
| SUBI | Rd, K | Subtract Constant from Register | Rd ← Rd - K | Z,C,N,V,H | 1 |
| SBC | Rd, Rr | Subtract with Carry two Registers | Rd ← Rd - Rr - C | Z,C,N,V,H | 1 |
| SBCI | Rd, K | Subtract with Carry Constant from Reg. | Rd ← Rd - K - C | Z,C,N,V,H | 1 |
| SBIW | Rdl,K | Subtract Immediate from Word | Rdh:Rdl ← Rdh:Rdl - K | Z,C,N,V,S | 2 |
| AND | Rd, Rr | Logical AND Registers | Rd ← Rd • Rr | Z,N,V | 1 |
| ANDI | Rd, K | Logical AND Register and Constant | Rd ← Rd • K | Z,N,V | 1 |
| OR | Rd, Rr | Logical OR Registers | Rd ← Rd v Rr | Z,N,V | 1 |
| ORI | Rd, K | Logical OR Register and Constant | Rd ← Rd v K | Z,N,V | 1 |
| EOR | Rd, Rr | Exclusive OR Registers | Rd ← Rd ⊕ Rr | Z,N,V | 1 |
| COM | Rd | One's Complement | Rd ← $FF – Rd | Z,C,N,V | 1 |
| NEG | Rd | Two's Complement | Rd ← $00 – Rd | Z,C,N,V,H | 1 |
| SBR | Rd,K | Set Bit(s) in Register | Rd ← Rd v K | Z,N,V | 1 |
| CBR | Rd,K | Clear Bit(s) in Register | Rd ← Rd • ($FF - K) | Z,N,V | 1 |
| INC | Rd | Increment | Rd ← Rd + 1 | Z,N,V | 1 |
| DEC | Rd | Decrement | Rd ← Rd – 1 | Z,N,V | 1 |
| TST | Rd | Test for Zero or Minus | Rd ← Rd • Rd | Z,N,V | 1 |
| CLR | Rd | Clear Register | Rd ← Rd ⊕ Rd | Z,N,V | 1 |
| SER | Rd | Set Register | Rd ← $FF | None | 1 |
| MUL | Rd, Rr | Multiply Unsigned | R1:R0 ← Rd x Rr | Z,C | 2 |
| MULS | Rd, Rr | Multiply Signed | R1:R0 ← Rd x Rr | Z,C | 2 |
| MULSU | Rd, Rr | Multiply Signed with Unsigned | R1:R0 ← Rd x Rr | Z,C | 2 |
| FMUL | Rd, Rr | Fractional Multiply Unsigned | R1:R0 ← (Rd x Rr) << 1 | Z,C | 2 |
| FMULS | Rd, Rr | Fractional Multiply Signed | R1:R0 ← (Rd x Rr) << 1 | Z,C | 2 |
| FMULSU | Rd, Rr | Fractional Multiply Signed with Unsigned | R1:R0 ← (Rd x Rr) << 1 | Z,C | 2 |
| **BRANCH INSTRUCTIONS** | | | | | |
| RJMP | k | Relative Jump | PC ← PC + k + 1 | None | 2 |
| IJMP | | Indirect Jump to (Z) | PC ← Z | None | 2 |
| JMP | k | Direct Jump | PC ← k | None | 3 |
| RCALL | k | Relative Subroutine Call | PC ← PC + k + 1 | None | 3 |
| ICALL | | Indirect Call to (Z) | PC ← Z | None | 3 |
| CALL | k | Direct Subroutine Call | PC ← k | None | 4 |
| RET | | Subroutine Return | PC ← STACK | None | 4 |
| RETI | | Interrupt Return | PC ← STACK | I | 4 |
| CPSE | Rd,Rr | Compare, Skip if Equal | if (Rd = Rr) PC ← PC + 2 or 3 | None | 1 / 2 / 3 |
| CP | Rd,Rr | Compare | Rd – Rr | Z, N,V,C,H | 1 |
| CPC | Rd,Rr | Compare with Carry | Rd – Rr – C | Z, N,V,C,H | 1 |
| CPI | Rd,K | Compare Register with Immediate | Rd – K | Z, N,V,C,H | 1 |
| SBRC | Rr, b | Skip if Bit in Register Cleared | if (Rr(b)=0) PC ← PC + 2 or 3 | None | 1 / 2 / 3 |
| SBRS | Rr, b | Skip if Bit in Register is Set | if (Rr(b)=1) PC ← PC + 2 or 3 | None | 1 / 2 / 3 |
| SBIC | P, b | Skip if Bit in I/O Register Cleared | if (P(b)=0) PC ← PC + 2 or 3 | None | 1 / 2 / 3 |
| SBIS | P, b | Skip if Bit in I/O Register is Set | if (P(b)=1) PC ← PC + 2 or 3 | None | 1 / 2 / 3 |
| BRBS | s, k | Branch if Status Flag Set | if (SREG(s) = 1) then PC←PC+k + 1 | None | 1 / 2 |
| BRBC | s, k | Branch if Status Flag Cleared | if (SREG(s) = 0) then PC←PC+k + 1 | None | 1 / 2 |
| BREQ | k | Branch if Equal | if (Z = 1) then PC ← PC + k + 1 | None | 1 / 2 |
| BRNE | k | Branch if Not Equal | if (Z = 0) then PC ← PC + k + 1 | None | 1 / 2 |
| BRCS | k | Branch if Carry Set | if (C = 1) then PC ← PC + k + 1 | None | 1 / 2 |
| BRCC | k | Branch if Carry Cleared | if (C = 0) then PC ← PC + k + 1 | None | 1 / 2 |
| BRSH | k | Branch if Same or Higher | if (C = 0) then PC ← PC + k + 1 | None | 1 / 2 |
| BRLO | k | Branch if Lower | if (C = 1) then PC ← PC + k + 1 | None | 1 / 2 |
| BRMI | k | Branch if Minus | if (N = 1) then PC ← PC + k + 1 | None | 1 / 2 |
| BRPL | k | Branch if Plus | if (N = 0) then PC ← PC + k + 1 | None | 1 / 2 |
| BRGE | k | Branch if Greater or Equal, Signed | if (N ⊕ V= 0) then PC ← PC + k + 1 | None | 1 / 2 |
| BRLT | k | Branch if Less Than Zero, Signed | if (N ⊕ V= 1) then PC ← PC + k + 1 | None | 1 / 2 |
| BRHS | k | Branch if Half Carry Flag Set | if (H = 1) then PC ← PC + k + 1 | None | 1 / 2 |
| BRHC | k | Branch if Half Carry Flag Cleared | if (H = 0) then PC ← PC + k + 1 | None | 1 / 2 |
| BRTS | k | Branch if T Flag Set | if (T = 1) then PC ← PC + k + 1 | None | 1 / 2 |
| BRTC | k | Branch if T Flag Cleared | if (T = 0) then PC ← PC + k + 1 | None | 1 / 2 |
| BRVS | k | Branch if Overflow Flag is Set | if (V = 1) then PC ← PC + k + 1 | None | 1 / 2 |
| BRVC | k | Branch if Overflow Flag is Cleared | if (V = 0) then PC ← PC + k + 1 | None | 1 / 2 |

# Instruction Set Summary (Continued)

| Mnemonics | Operands | Description | Operation | Flags | #Clocks |
|---|---|---|---|---|---|
| BRIE | k | Branch if Interrupt Enabled | if ( I = 1) then PC ← PC + k + 1 | None | 1 / 2 |
| BRID | k | Branch if Interrupt Disabled | if ( I = 0) then PC ← PC + k + 1 | None | 1 / 2 |
| **DATA TRANSFER INSTRUCTIONS** | | | | | |
| MOV | Rd, Rr | Move Between Registers | Rd ← Rr | None | 1 |
| MOVW | Rd, Rr | Copy Register Word | Rd+1:Rd ← Rr+1:Rr | None | 1 |
| LDI | Rd, K | Load Immediate | Rd ← K | None | 1 |
| LD | Rd, X | Load Indirect | Rd ← (X) | None | 2 |
| LD | Rd, X+ | Load Indirect and Post-Inc. | Rd ← (X), X ← X + 1 | None | 2 |
| LD | Rd, - X | Load Indirect and Pre-Dec. | X ← X - 1, Rd ← (X) | None | 2 |
| LD | Rd, Y | Load Indirect | Rd ← (Y) | None | 2 |
| LD | Rd, Y+ | Load Indirect and Post-Inc. | Rd ← (Y), Y ← Y + 1 | None | 2 |
| LD | Rd, - Y | Load Indirect and Pre-Dec. | Y ← Y - 1, Rd ← (Y) | None | 2 |
| LDD | Rd,Y+q | Load Indirect with Displacement | Rd ← (Y + q) | None | 2 |
| LD | Rd, Z | Load Indirect | Rd ← (Z) | None | 2 |
| LD | Rd, Z+ | Load Indirect and Post-Inc. | Rd ← (Z), Z ← Z+1 | None | 2 |
| LD | Rd, -Z | Load Indirect and Pre-Dec. | Z ← Z - 1, Rd ← (Z) | None | 2 |
| LDD | Rd, Z+q | Load Indirect with Displacement | Rd ← (Z + q) | None | 2 |
| LDS | Rd, k | Load Direct from SRAM | Rd ← (k) | None | 2 |
| ST | X, Rr | Store Indirect | (X) ← Rr | None | 2 |
| ST | X+, Rr | Store Indirect and Post-Inc. | (X) ← Rr, X ← X + 1 | None | 2 |
| ST | - X, Rr | Store Indirect and Pre-Dec. | X ← X - 1, (X) ← Rr | None | 2 |
| ST | Y, Rr | Store Indirect | (Y) ← Rr | None | 2 |
| ST | Y+, Rr | Store Indirect and Post-Inc. | (Y) ← Rr, Y ← Y + 1 | None | 2 |
| ST | - Y, Rr | Store Indirect and Pre-Dec. | Y ← Y - 1, (Y) ← Rr | None | 2 |
| STD | Y+q,Rr | Store Indirect with Displacement | (Y + q) ← Rr | None | 2 |
| ST | Z, Rr | Store Indirect | (Z) ← Rr | None | 2 |
| ST | Z+, Rr | Store Indirect and Post-Inc. | (Z) ← Rr, Z ← Z + 1 | None | 2 |
| ST | -Z, Rr | Store Indirect and Pre-Dec. | Z ← Z - 1, (Z) ← Rr | None | 2 |
| STD | Z+q,Rr | Store Indirect with Displacement | (Z + q) ← Rr | None | 2 |
| STS | k, Rr | Store Direct to SRAM | (k) ← Rr | None | 2 |
| LPM | | Load Program Memory | R0 ← (Z) | None | 3 |
| LPM | Rd, Z | Load Program Memory | Rd ← (Z) | None | 3 |
| LPM | Rd, Z+ | Load Program Memory and Post-Inc | Rd ← (Z), Z ← Z+1 | None | 3 |
| ELPM | | Extended Load Program Memory | R0 ← (RAMPZ:Z) | None | 3 |
| ELPM | Rd, Z | Extended Load Program Memory | Rd ← (RAMPZ:Z) | None | 3 |
| ELPM | Rd, Z+ | Extended Load Program Memory and Post-Inc | Rd ← (RAMPZ:Z), RAMPZ:Z ← RAMPZ:Z+1 | None | 3 |
| SPM | | Store Program Memory | (Z) ← R1:R0 | None | - |
| IN | Rd, P | In Port | Rd ← P | None | 1 |
| OUT | P, Rr | Out Port | P ← Rr | None | 1 |
| PUSH | Rr | Push Register on Stack | STACK ← Rr | None | 2 |
| POP | Rd | Pop Register from Stack | Rd ← STACK | None | 2 |
| **BIT AND BIT-TEST INSTRUCTIONS** | | | | | |
| SBI | P,b | Set Bit in I/O Register | I/O(P,b) ← 1 | None | 2 |
| CBI | P,b | Clear Bit in I/O Register | I/O(P,b) ← 0 | None | 2 |
| LSL | Rd | Logical Shift Left | Rd(n+1) ← Rd(n), Rd(0) ← 0 | Z,C,N,V | 1 |
| LSR | Rd | Logical Shift Right | Rd(n) ← Rd(n+1), Rd(7) ← 0 | Z,C,N,V | 1 |
| ROL | Rd | Rotate Left Through Carry | Rd(0)←C,Rd(n+1)← Rd(n),C←Rd(7) | Z,C,N,V | 1 |
| ROR | Rd | Rotate Right Through Carry | Rd(7)←C,Rd(n)← Rd(n+1),C←Rd(0) | Z,C,N,V | 1 |
| ASR | Rd | Arithmetic Shift Right | Rd(n) ← Rd(n+1), n=0..6 | Z,C,N,V | 1 |
| SWAP | Rd | Swap Nibbles | Rd(3..0)←Rd(7..4),Rd(7..4)←Rd(3..0) | None | 1 |
| BSET | s | Flag Set | SREG(s) ← 1 | SREG(s) | 1 |
| BCLR | s | Flag Clear | SREG(s) ← 0 | SREG(s) | 1 |
| BST | Rr, b | Bit Store from Register to T | T ← Rr(b) | T | 1 |
| BLD | Rd, b | Bit load from T to Register | Rd(b) ← T | None | 1 |
| SEC | | Set Carry | C ← 1 | C | 1 |
| CLC | | Clear Carry | C ← 0 | C | 1 |
| SEN | | Set Negative Flag | N ← 1 | N | 1 |
| CLN | | Clear Negative Flag | N ← 0 | N | 1 |
| SEZ | | Set Zero Flag | Z ← 1 | Z | 1 |
| CLZ | | Clear Zero Flag | Z ← 0 | Z | 1 |
| SEI | | Global Interrupt Enable | I ← 1 | I | 1 |
| CLI | | Global Interrupt Disable | I ← 0 | I | 1 |
| SES | | Set Signed Test Flag | S ← 1 | S | 1 |
| CLS | | Clear Signed Test Flag | S ← 0 | S | 1 |

## Instruction Set Summary (Continued)

| Mnemonics | Operands | Description | Operation | Flags | #Clocks |
|---|---|---|---|---|---|
| SEV | | Set Twos Complement Overflow. | V ← 1 | V | 1 |
| CLV | | Clear Twos Complement Overflow | V ← 0 | V | 1 |
| SET | | Set T in SREG | T ← 1 | T | 1 |
| CLT | | Clear T in SREG | T ← 0 | T | 1 |
| SEH | | Set Half Carry Flag in SREG | H ← 1 | H | 1 |
| CLH | | Clear Half Carry Flag in SREG | H ← 0 | H | 1 |
| **MCU CONTROL INSTRUCTIONS** | | | | | |
| NOP | | No Operation | | None | 1 |
| SLEEP | | Sleep | (see specific descr. for Sleep function) | None | 1 |
| WDR | | Watchdog Reset | (see specific descr. for WDR/timer) | None | 1 |
| BREAK | | Break | For On-chip Debug Only | None | N/A |

## Ordering Information

| Speed (MHz) | Power Supply | Ordering Code | Package | Operation Range |
|---|---|---|---|---|
| 8 | 2.7 - 5.5V | ATmega128L-8AC<br>ATmega128L-8MC | 64A<br>64M1 | Commercial<br>(0°C to 70°C) |
| | | ATmega128L-8AI<br>ATmega128L-8MI | 64A<br>64M1 | Industrial<br>(-40°C to 85°C) |
| 16 | 4.5 - 5.5V | ATmega128-16AC<br>ATmega128-16MC | 64A<br>64M1 | Commercial<br>(0°C to 70°C) |
| | | ATmega128-16AI<br>ATmega128-16MI | 64A<br>64M1 | Industrial<br>(-40°C to 85°C) |

Note: 1. The device can also be supplied in wafer form. Please contact your local Atmel sales office for detailed ordering information and minimum quantities.

| Package Type | |
|---|---|
| **64A** | 64-lead, Thin (1.0 mm) Plastic Gull Wing Quad Flat Package (TQFP) |
| **64M1** | 64-pad, 9 x 9 x 1.0 mm body, lead pitch 0.50 mm, Micro Lead Frame Package (MLF) |

## Packaging Information

### 64A

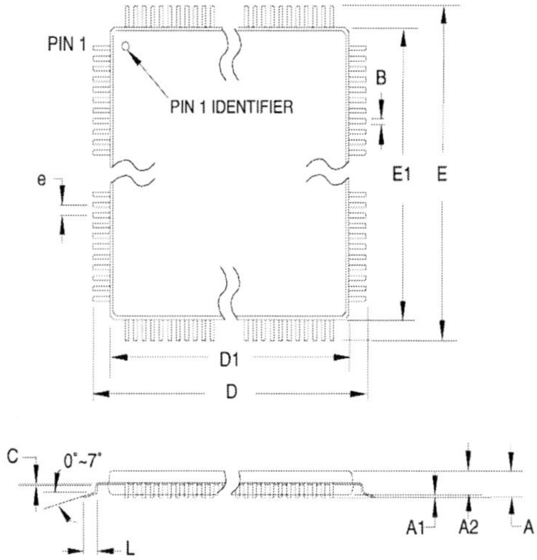


**COMMON DIMENSIONS**
(Unit of Measure = mm)

| SYMBOL | MIN | NOM | MAX | NOTE |
|---|---|---|---|---|
| A | – | – | 1.20 | |
| A1 | 0.05 | – | 0.15 | |
| A2 | 0.95 | 1.00 | 1.05 | |
| D | 15.75 | 16.00 | 16.25 | |
| D1 | 13.90 | 14.00 | 14.10 | Note 2 |
| E | 15.75 | 16.00 | 16.25 | |
| E1 | 13.90 | 14.00 | 14.10 | Note 2 |
| B | 0.30 | – | 0.45 | |
| C | 0.09 | – | 0.20 | |
| L | 0.45 | – | 0.75 | |
| e | 0.80 TYP | | | |

Notes:
1. This package conforms to JEDEC reference MS-026, Variation AEB.
2. Dimensions D1 and E1 do not include mold protrusion. Allowable protrusion is 0.25 mm per side. Dimensions D1 and E1 are maximum plastic body size dimensions including mold mismatch.
3. Lead coplanarity is 0.10 mm maximum.

10/5/2001

| | TITLE | DRAWING NO. | REV. |
|---|---|---|---|
| ATMEL 2325 Orchard Parkway San Jose, CA 95131 | **64A,** 64-lead, 14 x 14 mm Body Size, 1.0 mm Body Thickness, 0.8 mm Lead Pitch, Thin Profile Plastic Quad Flat Package (TQFP) | 64A | B |

## 64M1

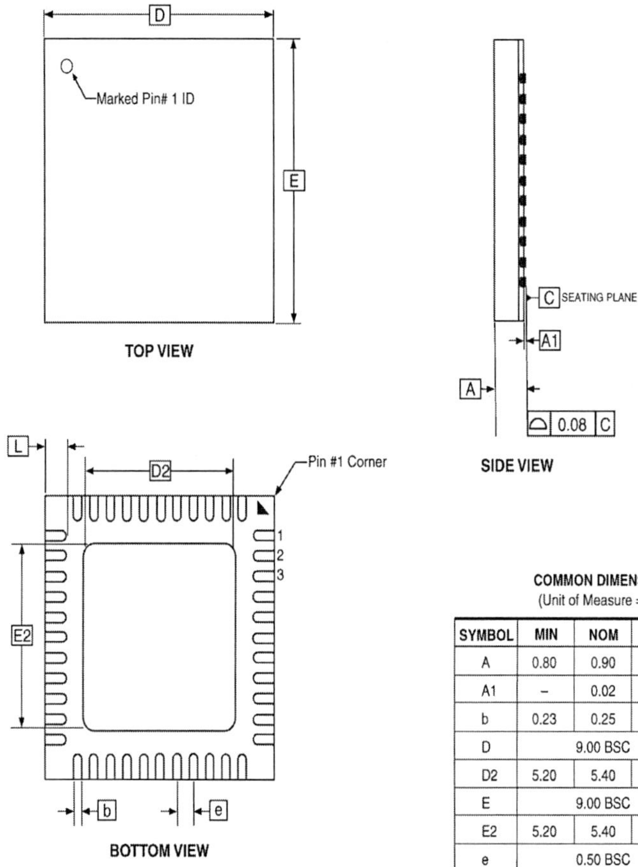


**COMMON DIMENSIONS**
(Unit of Measure = mm)

| SYMBOL | MIN | NOM | MAX | NOTE |
|---|---|---|---|---|
| A | 0.80 | 0.90 | 1.00 | |
| A1 | – | 0.02 | 0.05 | |
| b | 0.23 | 0.25 | 0.28 | |
| D | | 9.00 BSC | | |
| D2 | 5.20 | 5.40 | 5.60 | |
| E | | 9.00 BSC | | |
| E2 | 5.20 | 5.40 | 5.60 | |
| e | | 0.50 BSC | | |
| L | 0.35 | 0.40 | 0.45 | |

Notes: 1. JEDEC Standard MO-220, Fig. 1, VMMD.

01/15/03

| | TITLE | DRAWING NO. | REV. |
|---|---|---|---|
| 2325 Orchard Parkway San Jose, CA 95131 | **64M1**, 64-pad, 9 x 9 x 1.0 mm Body, Lead Pitch 0.50 mm Micro Lead Frame Package (MLF) | 64M1 | C |

# ATmega128

## Errata

The revision letter in this section refers to the revision of the ATmega128 device.

### ATmega128 Rev. I

- **Stabilizing time needed when changing XDIV Register**
- **Stabilizing time needed when changing OSCCAL Register**

1. **Stabilizing time needed when changing XDIV Register**

   After increasing the source clock frequency more than 2% with settings in the XDIV register, the device may execute some of the subsequent instructions incorrectly.

   **Problem Fix / Workaround**

   The NOP instruction will always be executed correctly also right after a frequency change. Thus, the next 8 instructions after the change should be NOP instructions. To ensure this, follow this procedure:

   1.Clear the I bit in the SREG Register.

   2.Set the new pre-scaling factor in XDIV register.

   3.Execute 8 NOP instructions

   4.Set the I bit in SREG

   This will ensure that all subsequent instructions will execute correctly.

   Assembly Code Example:

```
CLI                 ; clear global interrupt enable
OUT  XDIV, temp     ; set new prescale value
NOP                 ; no operation
NOP                 ; no operation
NOP                 ; no operation
NOP                 ; no operation
NOP                 ; no operation
NOP                 ; no operation
NOP                 ; no operation
NOP                 ; no operation
SEI                 ; clear global interrupt enable
```

2. **Stabilizing time needed when changing OSCCAL Register**

   After increasing the source clock frequency more than 2% with settings in the OSCCAL register, the device may execute some of the subsequent instructions incorrectly.

   **Problem Fix / Workaround**

   The behavior follows errata number 1., and the same Fix / Workaround is applicable on this errata.

A proposal for solving problems regarding the JTAG instruction IDCODE is presented below.

**IDCODE masks data from TDI input**

The public but optional JTAG instruction IDCODE is not implemented correctly according to IEEE1149.1; a logic one is scanned into the shift register instead of the TDI input while shifting the Device ID Register. Hence, captured data from the preceding devices in the boundary scan chain are lost and replaced by all-ones, and data to succeeding devices are replaced by all-ones during Update-DR.

If ATmega128 is the only device in the scan chain, the problem is not visible.

#### Problem Fix / Workaround

Select the Device ID Register of the ATmega128 (Either by issuing the IDCODE instruction or by entering the Test-Logic-Reset state of the TAP controller) to read out the contents of its Device ID Register and possibly data from succeeding devices of the scan chain. Note that data to succeeding devices cannot be entered during this scan, but data to preceding devices can. Issue the BYPASS instruction to the ATmega128 to select its Bypass Register while reading the Device ID Registers of preceding devices of the boundary scan chain. Never read data from succeeding devices in the boundary scan chain or upload data to the succeeding devices while the Device ID Register is selected for the ATmega128. Note that the IDCODE instruction is the default instruction selected by the Test-Logic-Reset state of the TAP-controller.

#### Alternative Problem Fix / Workaround

If the Device IDs of all devices in the boundary scan chain must be captured simultaneously (for instance if blind interrogation is used), the boundary scan chain can be connected in such way that the ATmega128 is the fist device in the chain. Update-DR will still not work for the succeeding devices in the boundary scan chain as long as IDCODE is present in the JTAG Instruction Register, but the Device ID registered cannot be uploaded in any case.

## ATmega128 Rev. H

- **Stabilizing time needed when changing XDIV Register**
- **Stabilizing time needed when changing OSCCAL Register**

### 1. Stabilizing time needed when changing XDIV Register

After increasing the source clock frequency more than 2% with settings in the XDIV register, the device may execute some of the subsequent instructions incorrectly.

#### Problem Fix / Workaround

The NOP instruction will always be executed correctly also right after a frequency change. Thus, the next 8 instructions after the change should be NOP instructions. To ensure this, follow this procedure:

1.Clear the I bit in the SREG Register.

2.Set the new pre-scaling factor in XDIV register.

3.Execute 8 NOP instructions

4.Set the I bit in SREG

This will ensure that all subsequent instructions will execute correctly.

Assembly Code Example:

```
CLI             ; clear global interrupt enable
OUT  XDIV, temp ; set new prescale value
NOP             ; no operation
NOP             ; no operation
NOP             ; no operation
NOP             ; no operation
NOP             ; no operation
NOP             ; no operation
NOP             ; no operation
NOP             ; no operation
SEI             ; clear global interrupt enable
```

2. **Stabilizing time needed when changing OSCCAL Register**

   After increasing the source clock frequency more than 2% with settings in the OSCCAL register, the device may execute some of the subsequent instructions incorrectly.

   **Problem Fix / Workaround**

   The behavior follows errata number 1., and the same Fix / Workaround is applicable on this errata.

A proposal for solving problems regarding the JTAG instruction IDCODE is presented below.

**IDCODE masks data from TDI input**

The public but optional JTAG instruction IDCODE is not implemented correctly according to IEEE1149.1; a logic one is scanned into the shift register instead of the TDI input while shifting the Device ID Register. Hence, captured data from the preceding devices in the boundary scan chain are lost and replaced by all-ones, and data to succeeding devices are replaced by all-ones during Update-DR.

If ATmega128 is the only device in the scan chain, the problem is not visible.

**Problem Fix / Workaround**

Select the Device ID Register of the ATmega128 (Either by issuing the IDCODE instruction or by entering the Test-Logic-Reset state of the TAP controller) to read out the contents of its Device ID Register and possibly data from succeeding devices of the scan chain. Note that data to succeeding devices cannot be entered during this scan, but data to preceding devices can. Issue the BYPASS instruction to the ATmega128 to select its Bypass Register while reading the Device ID Registers of preceding devices of the boundary scan chain. Never read data from succeeding devices in the boundary scan chain or upload data to the succeeding devices while the Device ID Register is selected for the ATmega128. Note that the IDCODE instruction is the default instruction selected by the Test-Logic-Reset state of the TAP-controller.

**Alternative Problem Fix / Workaround**

If the Device IDs of all devices in the boundary scan chain must be captured simultaneously (for instance if blind interrogation is used), the boundary scan chain can be connected in such way that the ATmega128 is the fist device in the chain. Update-DR will still not work for the succeeding devices in the boundary scan chain as long as IDCODE is present in the JTAG Instruction Register, but the Device ID registered cannot be uploaded in any case.

## ATmega128 Rev. G

- **Stabilizing time needed when changing XDIV Register**
- **Stabilizing time needed when changing OSCCAL Register**

1. **Stabilizing time needed when changing XDIV Register**

   After increasing the source clock frequency more than 2% with settings in the XDIV register, the device may execute some of the subsequent instructions incorrectly.

   **Problem Fix / Workaround**

   The NOP instruction will always be executed correctly also right after a frequency change. Thus, the next 8 instructions after the change should be NOP instructions. To ensure this, follow this procedure:

   1.Clear the I bit in the SREG Register.

   2.Set the new pre-scaling factor in XDIV register.

3.Execute 8 NOP instructions

4.Set the I bit in SREG

This will ensure that all subsequent instructions will execute correctly.

Assembly Code Example:

```
CLI              ; clear global interrupt enable
OUT  XDIV, temp  ; set new prescale value
NOP              ; no operation
NOP              ; no operation
NOP              ; no operation
NOP              ; no operation
NOP              ; no operation
NOP              ; no operation
NOP              ; no operation
NOP              ; no operation
SEI              ; clear global interrupt enable
```

**2. Stabilizing time needed when changing OSCCAL Register**

After increasing the source clock frequency more than 2% with settings in the OSCCAL register, the device may execute some of the subsequent instructions incorrectly.

**Problem Fix / Workaround**

The behavior follows errata number 1., and the same Fix / Workaround is applicable on this errata.

A proposal for solving problems regarding the JTAG instruction IDCODE is presented below.

**IDCODE masks data from TDI input**

The public but optional JTAG instruction IDCODE is not implemented correctly according to IEEE1149.1; a logic one is scanned into the shift register instead of the TDI input while shifting the Device ID Register. Hence, captured data from the preceding devices in the boundary scan chain are lost and replaced by all-ones, and data to succeeding devices are replaced by all-ones during Update-DR.

If ATmega128 is the only device in the scan chain, the problem is not visible.

**Problem Fix / Workaround**

Select the Device ID Register of the ATmega128 (Either by issuing the IDCODE instruction or by entering the Test-Logic-Reset state of the TAP controller) to read out the contents of its Device ID Register and possibly data from succeeding devices of the scan chain. Note that data to succeeding devices cannot be entered during this scan, but data to preceding devices can. Issue the BYPASS instruction to the ATmega128 to select its Bypass Register while reading the Device ID Registers of preceding devices of the boundary scan chain. Never read data from succeeding devices in the boundary scan chain or upload data to the succeeding devices while the Device ID Register is selected for the ATmega128. Note that the IDCODE instruction is the default instruction selected by the Test-Logic-Reset state of the TAP-controller.

**Alternative Problem Fix / Workaround**

If the Device IDs of all devices in the boundary scan chain must be captured simultaneously (for instance if blind interrogation is used), the boundary scan chain can be connected in such way that the ATmega128 is the fist device in the chain. Update-DR will still not work for the succeeding devices in the boundary scan chain as long as IDCODE is present in the JTAG Instruction Register, but the Device ID registered cannot be uploaded in any case.

## ATmega128 Rev. F

- **Stabilizing time needed when changing XDIV Register**
- **Stabilizing time needed when changing OSCCAL Register**

1. **Stabilizing time needed when changing XDIV Register**

   After increasing the source clock frequency more than 2% with settings in the XDIV register, the device may execute some of the subsequent instructions incorrectly.

   **Problem Fix / Workaround**

   The NOP instruction will always be executed correctly also right after a frequency change. Thus, the next 8 instructions after the change should be NOP instructions. To ensure this, follow this procedure:

   1.Clear the I bit in the SREG Register.

   2.Set the new pre-scaling factor in XDIV register.

   3.Execute 8 NOP instructions

   4.Set the I bit in SREG

   This will ensure that all subsequent instructions will execute correctly.

   Assembly Code Example:

```
CLI                ; clear global interrupt enable
OUT  XDIV, temp    ; set new prescale value
NOP                ; no operation
NOP                ; no operation
NOP                ; no operation
NOP                ; no operation
NOP                ; no operation
NOP                ; no operation
NOP                ; no operation
NOP                ; no operation
SEI                ; clear global interrupt enable
```

2. **Stabilizing time needed when changing OSCCAL Register**

   After increasing the source clock frequency more than 2% with settings in the OSC-CAL register, the device may execute some of the subsequent instructions incorrectly.

   **Problem Fix / Workaround**

   The behavior follows errata number 1., and the same Fix / Workaround is applicable on this errata.

A proposal for solving problems regarding the JTAG instruction IDCODE is presented below.

**IDCODE masks data from TDI input**

The public but optional JTAG instruction IDCODE is not implemented correctly according to IEEE1149.1; a logic one is scanned into the shift register instead of the TDI input while shifting the Device ID Register. Hence, captured data from the preceding devices in the boundary scan chain are lost and replaced by all-ones, and data to succeeding devices are replaced by all-ones during Update-DR.

If ATmega128 is the only device in the scan chain, the problem is not visible.

**Problem Fix / Workaround**

Select the Device ID Register of the ATmega128 (Either by issuing the IDCODE instruction or by entering the Test-Logic-Reset state of the TAP controller) to read out the contents of its Device ID Register and possibly data from succeeding devices of the scan chain. Note that data to succeeding devices cannot be entered during this scan, but data to preceding devices can. Issue the BYPASS instruction to the ATmega128 to select its Bypass Register while reading the Device ID Registers of preceding devices of the boundary scan chain. Never read data from succeeding devices in the boundary scan chain or upload data to the succeeding devices while the Device ID Register is selected for the ATmega128. Note that the IDCODE instruction is the default instruction selected by the Test-Logic-Reset state of the TAP-controller.

**Alternative Problem Fix / Workaround**

If the Device IDs of all devices in the boundary scan chain must be captured simultaneously (for instance if blind interrogation is used), the boundary scan chain can be connected in such way that the ATmega128 is the fist device in the chain. Update-DR will still not work for the succeeding devices in the boundary scan chain as long as IDCODE is present in the JTAG Instruction Register, but the Device ID registered cannot be uploaded in any case.

## Datasheet Change Log for ATmega128

Please note that the referring page numbers in this section are referred to this document. The referring revision in this section are referring to the document revision.

### Changes from Rev. 2467J-12/03 to Rev. 2467K-03/04

1. Updated "Errata" on page 17.

### Changes from Rev. 2467I-09/03 to Rev. 2467J-12/03

1. Updated "Calibrated Internal RC Oscillator" on page 39.

### Changes from Rev. 2467H-02/03 to Rev. 2467I-09/03

1. Updated note in "XTAL Divide Control Register – XDIV" on page 41.
2. Updated "JTAG Interface and On-chip Debug System" on page 46.
3. Updated values for $V_{BOT}$ (BODLEVEL = 1) in Table 19 on page 48.
4. Updated "Test Access Port – TAP" on page 249 regarding JTAGEN.
5. Updated description for the JTD bit on page 258.
6. Added a note regarding JTAGEN fuse to Table 119 on page 291.
7. Updated $R_{PU}$ values in "DC Characteristics" on page 322.
8. Added a proposal for solving problems regarding the JTAG instruction IDCODE in "Errata" on page 17.

### Changes from Rev. 2467G-09/02 to Rev. 2467H-02/03

1. Corrected the names of the two Prescaler bits in the SFIOR Register.
2. Added Chip Erase as a first step under "Programming the Flash" on page 319 and "Programming the EEPROM" on page 320.
3. Removed reference to the "Multipurpose Oscillator" application note and the "32 kHz Crystal Oscillator" application note, which do not exist.
4. Corrected OCn waveforms in Figure 52 on page 123.
5. Various minor Timer1 corrections.
6. Added information about PWM symmetry for Timer0 and Timer2.
7. Various minor TWI corrections.
8. Added reference to Table 125 on page 294 from both SPI Serial Programming and Self Programming to inform about the Flash Page size.
9. Added note under "Filling the Temporary Buffer (Page Loading)" on page 283 about writing to the EEPROM during an SPM Page load.
10. Removed ADHSM completely.

11. Added section "EEPROM Write During Power-down Sleep Mode" on page 23.

12. Updated drawings in "Packaging Information" on page 15.

## Changes from Rev. 2467F-09/02 to Rev. 2467G-09/02

1. Changed the Endurance on the Flash to 10,000 Write/Erase Cycles.

## Changes from Rev. 2467E-04/02 to Rev. 2467F-09/02

1. Added 64-pad MLF Package and updated "Ordering Information" on page 14.

2. Added the section "Using all Locations of External Memory Smaller than 64 KB" on page 31.

3. Added the section "Default Clock Source" on page 35.

4. Renamed SPMCR to SPMCSR in entire document.

5. When using external clock there are some limitations regards to change of frequency. This is descried in "External Clock" on page 40 and Table 132, "External Clock Drive," on page 324.

6. Added a sub section regarding OCD-system and power consumption in the section "Minimizing Power Consumption" on page 45.

7. Corrected typo (WGM-bit setting) for:

   "Fast PWM Mode" on page 96 (Timer/Counter0).

   "Phase Correct PWM Mode" on page 98 (Timer/Counter0).

   "Fast PWM Mode" on page 151 (Timer/Counter2).

   "Phase Correct PWM Mode" on page 153 (Timer/Counter2).

8. Corrected Table 81 on page 193 (USART).

9. Corrected Table 103 on page 262 (Boundary-Scan)

10. Updated Vil parameter in "DC Characteristics" on page 322.

## Changes from Rev. 2467D-03/02 to Rev. 2467E-04/02

1. Updated the Characterization Data in Section "ATmega128 Typical Characteristics – Preliminary Data" on page 334.

2. Updated the following tables:

   Table 19 on page 48, Table 20 on page 52, Table 68 on page 158, Table 103 on page 262, and Table 136 on page 328.

3. Updated Description of OSCCAL Calibration Byte.

   In the data sheet, it was not explained how to take advantage of the calibration bytes for 2, 4, and 8 MHz Oscillator selections. This is now added in the following sections:

   Improved description of "Oscillator Calibration Register – OSCCAL" on page 39 and "Calibration Byte" on page 292.

## Changes from Rev. 2467C-02/02 to Rev. 2467D-03/02

1. **Added more information about "ATmega103 Compatibility Mode" on page 5.**
2. **Updated Table 2, "EEPROM Programming Time," on page 21.**
3. **Updated typical Start-up Time in Table 7 on page 35, Table 9 and Table 10 on page 37, Table 12 on page 38, Table 14 on page 39, and Table 16 on page 40.**
4. **Updated Table 22 on page 54 with typical WDT Time-out.**
5. **Corrected description of ADSC bit in "ADC Control and Status Register A – ADCSRA" on page 246.**
6. **Improved description on how to do a polarity check of the ADC diff results in "ADC Conversion Result" on page 243.**
7. **Corrected JTAG version numbers in "JTAG Version Numbers" on page 256.**
8. **Improved description of addressing during SPM (usage of RAMPZ) on "Addressing the Flash During Self-Programming" on page 281, "Performing Page Erase by SPM" on page 283, and "Performing a Page Write" on page 283.**
9. **Added not regarding OCDEN Fuse below Table 119 on page 291.**
10. **Updated Programming Figures:**

    Figure 135 on page 293 and Figure 144 on page 305 are updated to also reflect that AVCC must be connected during Programming mode. Figure 139 on page 300 added to illustrate how to program the fuses.
11. **Added a note regarding usage of the PROG_PAGELOAD and PROG_PAGEREAD instructions on page 311.**
12. **Added Calibrated RC Oscillator characterization curves in section "ATmega128 Typical Characteristics – Preliminary Data" on page 334.**
13. **Updated "Two-wire Serial Interface" section.**

    More details regarding use of the TWI Power-down operation and using the TWI as master with low TWBRR values are added into the data sheet. Added the note at the end of the "Bit Rate Generator Unit" on page 205. Added the description at the end of "Address Match Unit" on page 206.
14. **Added a note regarding usage of Timer/Counter0 combined with the clock. See "XTAL Divide Control Register – XDIV" on page 41.**

## Changes from Rev. 2467B-09/01 to Rev. 2467C-02/02

1. **Corrected Description of Alternate Functions of Port G**

   Corrected description of TOSC1 and TOSC2 in "Alternate Functions of Port G" on page 82.
2. **Added JTAG Version Numbers for rev. F and rev. G**

   Updated Table 100 on page 256.

3 **Added Some Preliminary Test Limits and Characterization Data**

Removed some of the TBD's in the following tables and pages:

Table 19 on page 48, Table 20 on page 52, "DC Characteristics" on page 322, Table 132 on page 324, Table 135 on page 326, and Table 136 on page 328.

4. **Corrected "Ordering Information" on page 14.**

5. **Added some Characterization Data in Section "ATmega128 Typical Characteristics – Preliminary Data" on page 334.**

6. **Removed Alternative Algortihm for Leaving JTAG Programming Mode.**

   See "Leaving Programming Mode" on page 319.

7. **Added Description on How to Access the Extended Fuse Byte Through JTAG Programming Mode.**

   See "Programming the Fuses" on page 321 and "Reading the Fuses and Lock Bits" on page 321.

# AV-DISPLAY ABG128064H Series

128x64 DOTS
1/64 DUTY,1/9 BIAS

OUTLINE DIMENSIONS

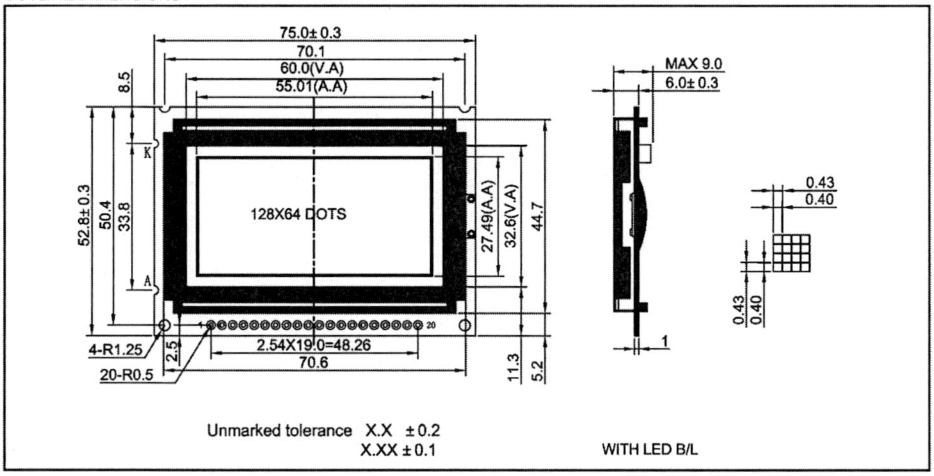


BLOCK DIAGRAM & POWER SUPPLY

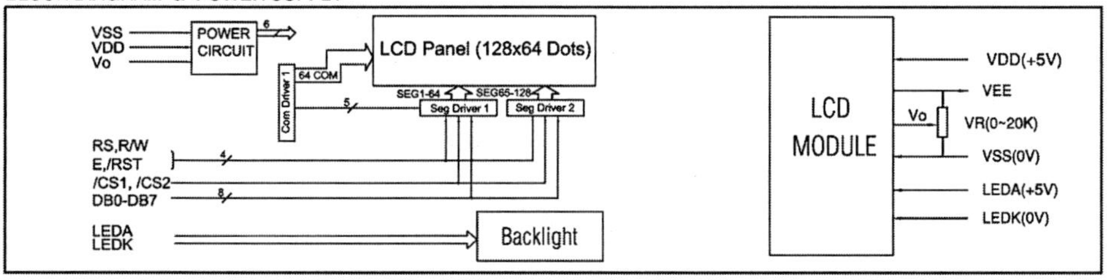


MECHANICAL SPECIFICATIONS & FEATURE

| Item | Normal Dimensions(mm) |
|---|---|
| Module Size (W*H*T) | 75.0x52.8x9.0MAX |
| View Area (W*H) | 60.0x32.6 |
| DotsxDots(W*H) | 128x64 |
| Dot Pitch (W*H) | 0.43x0.43 |
| Dot Size (W*H) | 0.40x0.40 |
| --- | --- |
| --- | --- |

| FEATURE | |
|---|---|
| LCD Type | STN、FSTN |
| LCD Colour | STN:Yellow-Green、Gray FSTN:Gray |
| View Angle | 6 O'clock、12 O'clock |
| Display Type | Positive Type、Negative Type |
| Rear polarizer | Transmissive、Reflective、Transflective |
| Operating Temperature | 0°C ~ 50°C 、-20°C ~ 70°C |
| Backlight | LED:Yellow EL:Green、Blue-Green、Blue Without |

ELECTRICAL CHARACTERISTICS

| Item | Symbol | Test Condition | Min. | Typ. | Max. | Unit |
|---|---|---|---|---|---|---|
| Operating Voltage | Vdd | Ta=25° C | --- | 5.0 | --- | V |
| Operating Voltage for LCD | Vlcd | Ta=25° C | --- | 9.2 | --- | V |
| Supply Current | Idd | Ta=25° C, Vdd=5.0V | --- | 2.0 | 3.0 | mA |
| Supply Current for Backlight(LED) | If | Ta=25° C, Vf=4.2V | --- | 150 | --- | mA |

INTERFACE PIN CONNECTIONS

| Pin No | Symbol | Level | Description |
|---|---|---|---|
| 1 | VDD | -- | Power supply for Logic |
| 2 | VSS | -- | Ground for Logic |
| 3 | V0 | -- | Power supply for LCD drive |
| 4~11 | DB0-DB7 | H/L | Data Bus lines |
| 12 | /CS1 | L | Chip Select Signal for Left Half of the panel |
| 13 | /CS2 | L | Chip Select Signal for Right Half of the panel |
| 14 | /RST | L | Reset signal |
| 15 | R/W | H/L | Read/write selection (H:Read,L:Write) |
| 16 | RS | H/L | Register selection (H:Data register, L:Instruction register) |
| 17 | E | H/H—L | Enable signal for LCM |
| 18 | VEE | -- | Negative voltage output |
| 19 | LEDA | -- | Power supply for Backlight(+) |
| 20 | LEDK | -- | Power supply for Backlight(-) |

REMARK

Negative type LCD colour: Blue
Old No:AV-G12864D1 Series

**SHEN ZHEN AV-DISPLAY CO.,LTD**

# SPECIFICATIONS FOR
# LIQUID CRYSTAL DISPLAY MODULE

MODEL NO.: HY-1602F-801 DATE:AUG.22.2003

| Approved | Checked | Department |
| --- | --- | --- |
| | | |

CUSTOMER:

MODEL NO.: DATE:

| Approved | Checked | Department |
| --- | --- | --- |
| | | |



| DATE :AUG.22.2003 | | | TECHNICAL SPECIFICATION |
| --- | --- | --- | --- |
| LCM | | **HY-1602F-801** | Page 1 of 26 |

# CONTENTS





| DATE :AUG.22.2003 | | | TECHNICAL SPECIFICATION |
|---|---|---|---|
| LCM | | HY-1602F-801 | Page 2 of 26 |

# Ⅰ.General Specifications

1. General

The AV-DISPLAY dot matrix LCD module consist of the liquid crystal display C-MOS driver and C-MOS LSI controller. the module utilizes 5*7 dot matrix characters to provide full alphanumeric capability. All control, refresh and display functions are executed by a dedicated on-board controller. the module is capable of displaying the full 160-character JIS font set .data interfacing is via the 4-bit or 8-bit bi-directional data bus by using of simple control commands the data can be selective written to the data register.

2. Features

A. Built-In Controller LSI.

B. 5*7 Dot Matrix With Cursor.

C. Micro-Processor Compatible Data-Bus Interface(4-Bit Or 8-Bit).

D. Character Generator ROM Built-In

5*8 Dot : ----------208 Character Fonts

5*10 Dot : ----------32 Character Fonts

E. Character Generator RAM--------Customer Rewritable

5*8 Font:8 Characters

F. Powerful Control Command

(1) Display Clear

(2) Return Home

(3) Cursor Preset

(4) Cursor On/Off Or Cursor Blinking

(5) Cursor Display Shift

(6) Display Shift

(7) Display On/Off Control

(8) Display Data Read/Write

G. Low power consumption 5.0v power supply

H. Attaching drawing and general description.

# HY-1602F-801

16x2 CHARACTERS
1/16DUTY,1/5BIAS

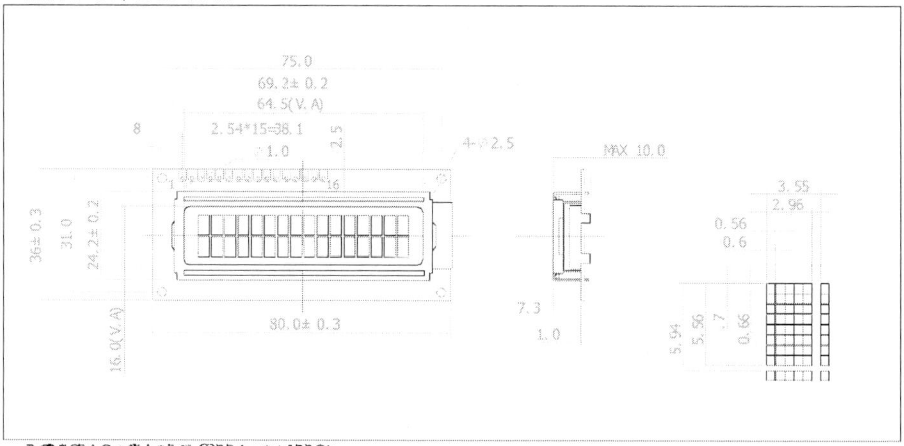


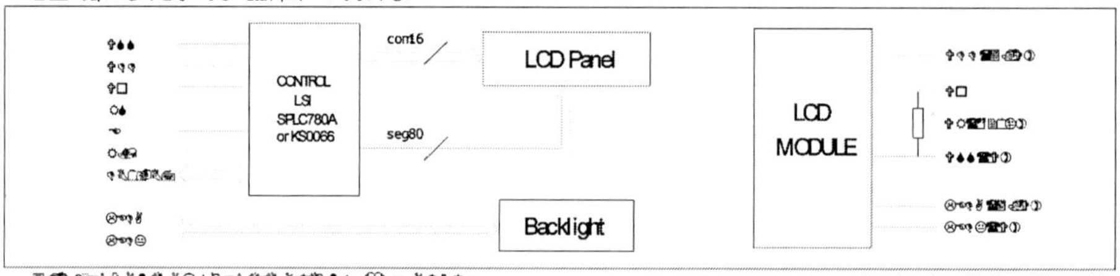


| Item | Nominal Dimensions(mm) | FEATURE | |
|---|---|---|---|
| | | LCD Type | STN |
| Module Size (W*H*T) | 80.0x36.0x10.0 | LCD Colour | BULE MODE |
| View Area (W*H) | 64.5x16.0 | View Angle | 6 O'clock |
| Character Pitch(W*H) | 3.55x5.95 | Display Type | Negative Type |
| Character Size(WxH) | 2.95x5.56 | Rear polarizer | Transmissive |
| Character Font | 5x8 | Operating Temperature | -20℃ ~ 70℃ |
| Dot Pitch (W*H) | 0.60x0.70 | Storage Temperature | -30℃ ~ 80℃ |
| Dot Size (W*H) | 0.56x0.66 | Blacklight | LED (White) |

| Item | Symbol | Test Condition | Min. | Typ. | Max | Unit |
|---|---|---|---|---|---|---|
| Operating Voltage | Vdd | Ta= 25℃ | --- | 5.0 | | V |
| Operating Voltage for LCD | Vdd | Ta= 25℃ | --- | 4.5 | --- | V |
| Supply Current | Idd | Ta= 25℃, Vdd= 5.0V | --- | 2.0 | 3.0 | mA |
| Supply Current for Blacklight | If | Ta= 25℃, Vf= 4.2V | --- | 30 | --- | mA |

| Pin No | Symbol | Level | Description |
|---|---|---|---|
| 1 | VSS | -- | GND |
| 2 | VDD | -- | Power supply for Logic(+ 5.0) |
| 3 | Vo | -- | Power supply for LCD |
| 4 | RS | H/L | Register selection (H:Data registor, L:Instruction registor) |
| 5 | R/W | H/L | Read/write selection (H:Read,L:Write) |
| 6 | E | H/H—L | Enable signal for chip |
| 7-14 | DB0-DB7 | H/L | Data Bus line |
| 15 | LEDA | -- | Power supply for Blacklight(+ ) |
| 16 | LEDK | -- | Power supply for Blacklight(-) |

| DATE :AUG.22.2003 | | | TECHNICAL SPECIFICATION |
|---|---|---|---|
| LCM | | HY-1602F-801 | Page 4 of 26 |

4.Timing Characteristics:

Write Operation and Read Operation

| Item | Symbol | Min. | Typ. | Max. | Unit |
|---|---|---|---|---|---|
| Enable Cycle Time | $T_{CYCLE}$ | 500 | -- | -- | nS |
| Enable Pulse Width | $P_{WEH}$ | 220 | -- | -- | nS |
| Enable Rise & Fall Time | $T_{ER}$,$T_{EF}$ | -- | -- | 25 | nS |
| Address Set-Up Time | $T_{AS}$ | 40 | -- | -- | nS |
| Address Hold Time | $T_{AH}$ | 10 | -- | -- | nS |
| Data Set-Up Time | $T_{DSW}$ | 60 | -- | -- | nS |
| Data Hold Time | $T_H$ | 10 | -- | -- | nS |

| Item | Symbol | Min. | Typ. | Max. | Unit |
|---|---|---|---|---|---|
| Enable Cycle Time | $T_{CYCLE}$ | 500 | -- | -- | nS |
| Enable Pulse Width | $P_{WEH}$ | 220 | -- | -- | nS |
| Enable Rise & Fall Time | $T_{ER}$,$T_{EF}$ | - | -- | 25 | nS |
| Address Set-Up Time | $T_{AS}$ | 40 | -- | -- | nS |
| Address Hold Time | $T_{AH}$ | 10 | -- | -- | nS |
| Data Set-Up Time | $T_{DSW}$ | - | -- | 120 | nS |
| Data Hold Time | $T_H$ | 20 | -- | -- | nS |

5.Write Operation:

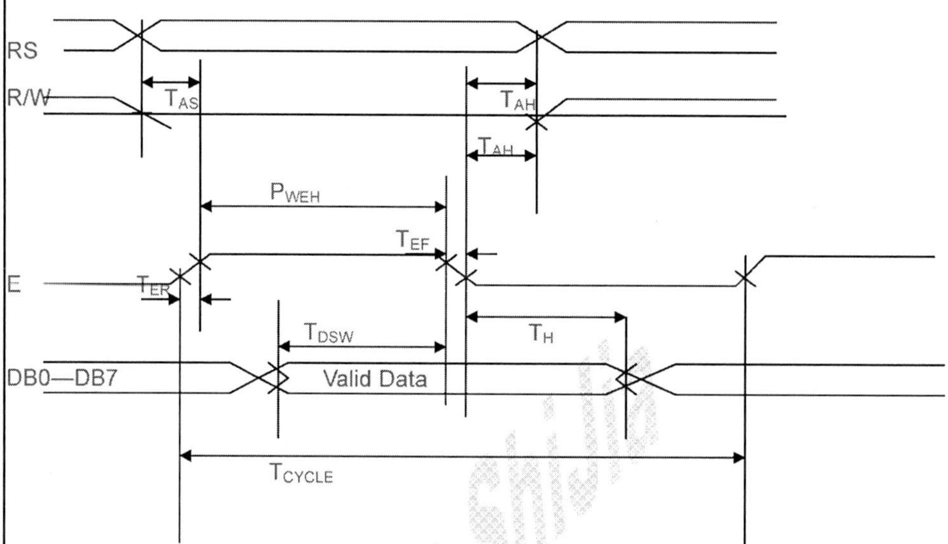


Read Operation

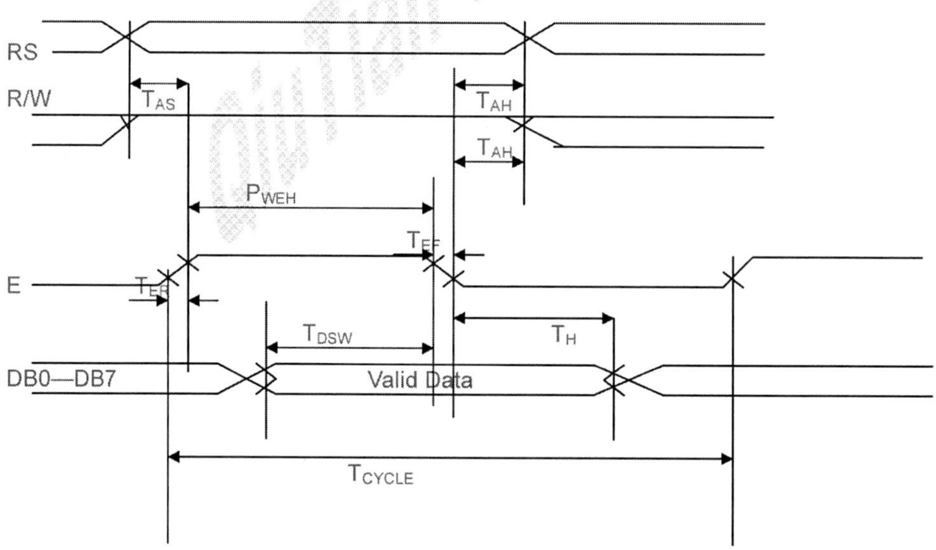


| DATE :AUG.22.2003 | | | TECHNICAL SPECIFICATION |
|---|---|---|---|
| LCM | | HY-1602F-801 | Page 6 of 26 |

## Ⅱ.The Characteristics and The Reliability Test

1.Electro-Optic Characteristics:

Condition:TEMP=(21±3)℃ HUM=(70±5)%RH

$V_{DD}$: 5.0V $F_{OSC}$: 270KHZ

| NO | Item | | Symbol | Min. | Typ. | Max. | Unit | Remarks |
|---|---|---|---|---|---|---|---|---|
| 1 | Operating Voltage | | Vop | | 5.0 | | V | |
| 2 | Current Consumption | | Is | | 1.30 | | mA | |
| 3 | Response Time | | Ton | | 150 | | ms | |
| | | | Toff | | 120 | | ms | |
| 4 | Contrast | | CR | 3 | | | | |
| 5 | Viewing Angle (CR≥3.0) | 12H | θ1 | | 15 | | Deg. | |
| | | 6H | θ2 | | 45 | | | |
| | | 3H | θ3 | | 50 | | | |
| | | 9H | θ4 | | 50 | | | |
| 6 | Threshold Voltage | | Vth | | 1.14 | | V | |
| 7 | Backlight Current Consumption | | LED | | 30 | | mA | |



| DATE :AUG.22.2003 | | | TECHNICAL SPECIFICATION |
|---|---|---|---|
| LCM | | HY-1602F-801 | Page 7 of 26 |

2.Reliability Test

| No | Items | Test Condition | | Test Result |
|---|---|---|---|---|
| 1 | High Temp Storage | Temp:70±2℃<br>Time:96h<br>Restore:24h | | Passed |
| 2 | Low Temp Storage | Temp:-20±3℃<br>Time:96h<br>Restore:24h | | Passed |
| 3 | High Temp Static drive | Temp:50±2℃<br>Vop:5V<br>Time:96h<br>Restore:24h | | Passed |
| 4 | Low Temp Static drive | Temp:0±3℃<br>Vop:5V<br>Time:96h<br>Restore:24h | | Passed |
| 5 | High Temp High Hum Storage | Temp:40±2℃<br>Hum:95%Rh<br>Time:96h<br>Restore:24h | | Passed |
| 6 | Thermal Shock | Temp:(℃)<br>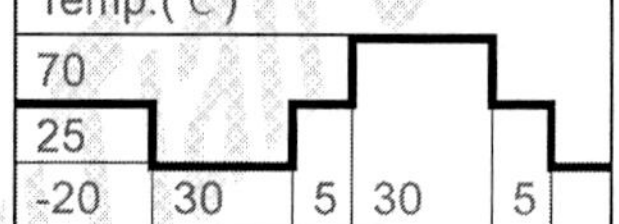<br>5 Cycles<br>Restore:24h | | Passed |

# Ⅲ.The LCD Measuring Method and Equipment

1. Current Consumption Measuring

   (1) Equipment

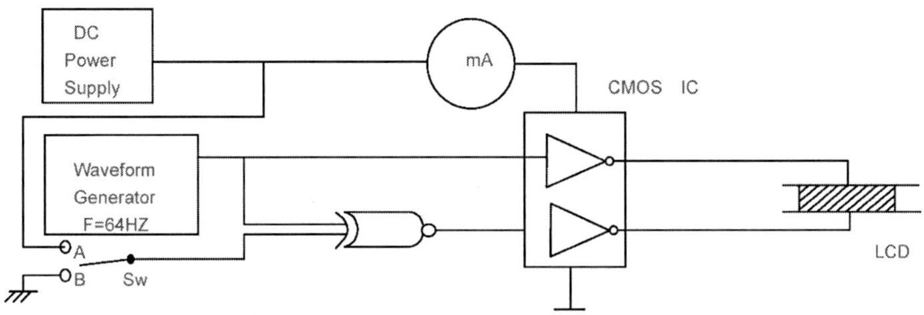


   (2) Condition

   Operating Frequency: 64HZ

   Operating Voltage (RMS): Selected Voltage

2. Threshold Voltage and Response Time Measuring

   (1) Equipment

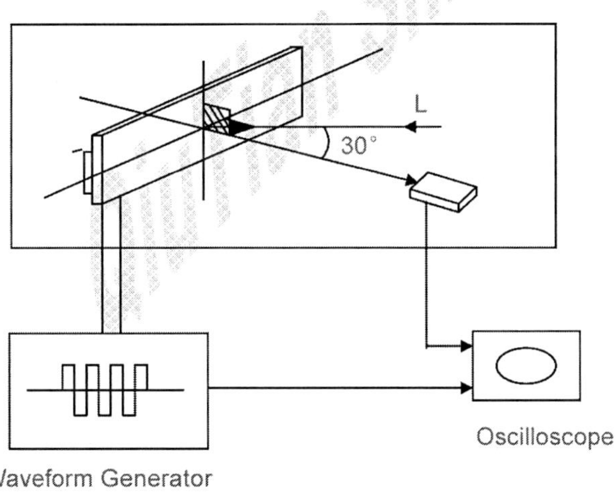


| DATE :AUG.22.2003 | | | TECHNICAL SPECIFICATION |
|---|---|---|---|
| LCM | | **HY-1602F-801** | Page 9 of 26 |

(2) Definition

A. Threshold Voltage ($V_{th}$)

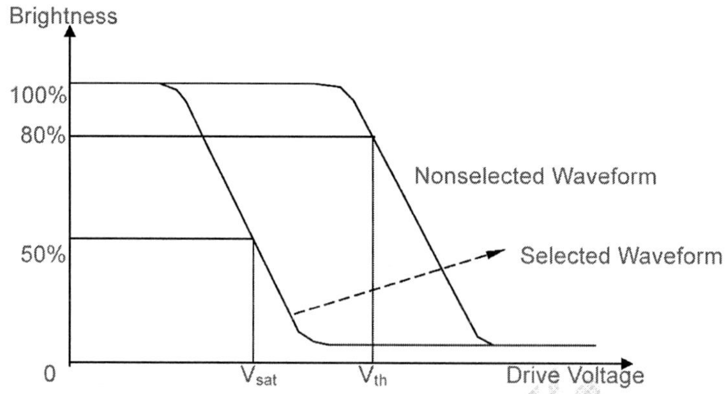


B. Response Time

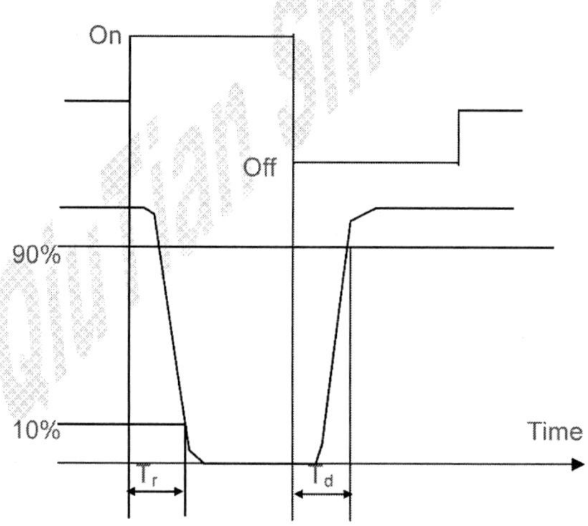


| DATE :AUG.22.2003 | | | TECHNICAL SPECIFICATION |
|---|---|---|---|
| LCM | | **HY-1602F-801** | Page 10 of 26 |

3. Contrast Measuring

(1) Equipment

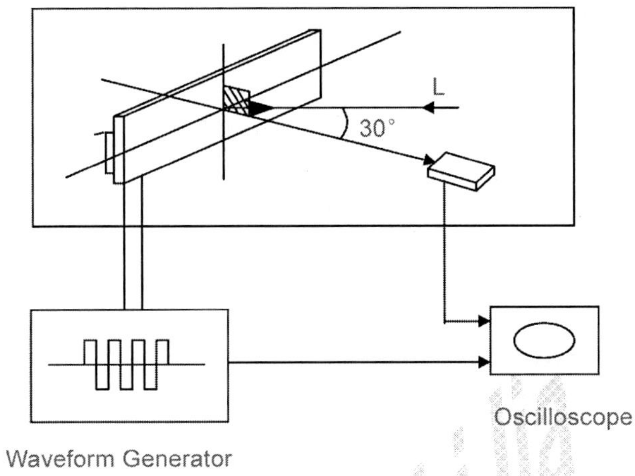


(2)Definition:

A.Viewing Angle:

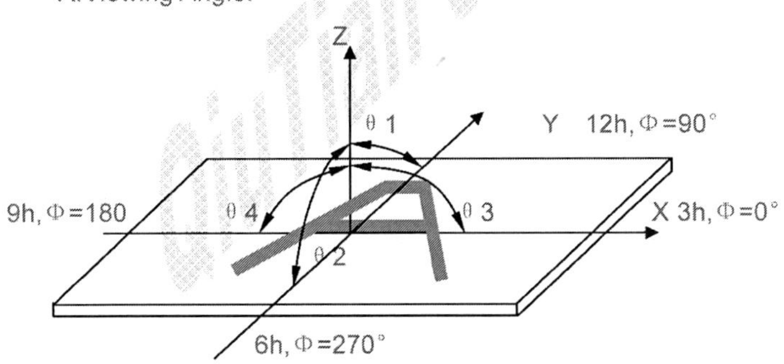


B. Contrast Ratio (Positive)

$$CR=\frac{\text{Brightness of non-selected wave-form}}{\text{Brightness of selected wave-form}}$$

| DATE :AUG.22.2003 | | | TECHNICAL SPECIFICATION |
|---|---|---|---|
| LCM | | **HY-1602F-801** | Page 11 of 26 |

## Ⅳ.Standard Specifications for Product Quality

**1. Manner of Test::**

1.1.The Test Must Be Under 40w Flourescent Light, And The Distance Of View Must Be At 30cm.

1.2.The Test Direction Is Based On Around 15° - 45° Of Vertical Line.

**2. Definition Of Defects**

2.1 Major Defects

A:Non-Display

B:Segment Missing

C:Over Current

D:Segment Short

E:Sealant Dishardexn

F:Wrong Polarizer Direction

2.2 Interface Circuit and Drive Programe on LCM of character series.

A. Interface circuit:

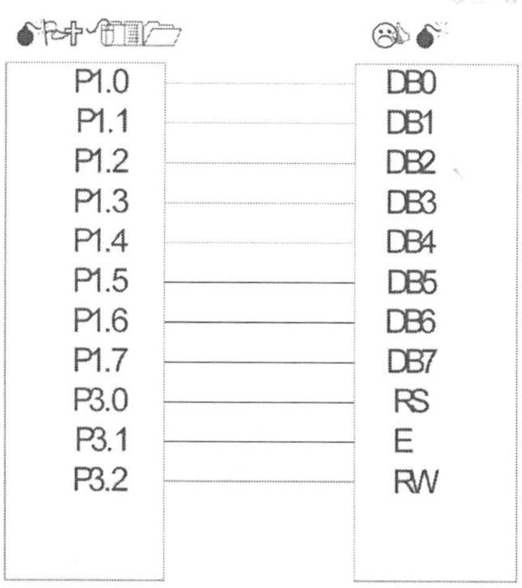


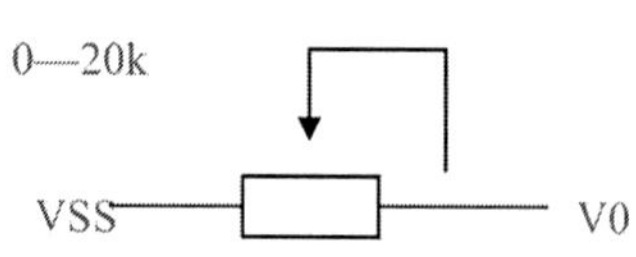


B.Drive programme for testing LCM of character series.

| DATE :AUG.22.2003 | | | TECHNICAL SPECIFICATION |
|---|---|---|---|
| LCM | | HY-1602F-801 | Page 12 of 26 |

```
ORG     0000H
AJMP    MAIN

ORG     0300H
DB      58H,58H,58H,58H,58H,58H,58H,58H,
DB      58H,58H,58H,58H,58H,58H,58H,58H,
DB      58H,58H,58H,58H,58H,58H,58H,58H,
DB      58H,58H,58H,58H,58H,58H,58H,58H,
DB      58H,58H,58H,58H,58H,58H,58H,58H,
DB      58H,58H,58H,58H,58H,58H,58H,58H,
DB      58H,58H,58H,58H,58H,58H,58H,58H,
DB      58H,58H,58H,58H,58H,58H,58H,58H,
DB      58H,58H,58H,58H,58H,58H,58H,58H,
DB      58H,58H,58H,58H,58H,58H,58H,58H,
ORG     0350H
DB      2AH,59H,55H,53H,55H,4EH,47H,2AH,
DB      45H,4CH,45H,43H,2EH,4CH,54H,44H,
DB      2AH,44H,4FH,54H,2AH,4DH,41H,54H,
DB      52H,49H,58H,2AH,4CH,43H,44H,2AH,
DB      4BH,65H,5AH,6FH,6EH,48H,75H,69H,
DB      2AH,59H,55H,53H,55H,4EH,47H,2AH,
DB      45H,4CH,45H,43H,2EH,4CH,54H,44H,
DB      2AH,44H,4FH,54H,2AH,4DH,41H,54H,
DB      52H,49H,58H,2AH,4CH,43H,44H,2AH,
DB      4BH,65H,5AH,6FH,6EH,48H,75H,69H,
DB      2AH,2AH,2AH,2AH,2AH,2AH,2AH,2AH,
DB      44H,4FH,54H,20H,4DH,41H,54H,52H,
DB      49H,58H,20H,4CH,49H,51H,55H,49H,
DB      44H,20H,43H,52H,59H,53H,54H,41H,
DB      4CH,20H,44H,49H,53H,50H,4CH,41H,
DB      59H,20H,4DH,4FH,55H,44H,4CH,45H,
DB      2AH,2AH,2AH,2AH,2AH,2AH,2AH,2AH,
DB      2AH,2AH,2AH,2AH,2AH,2AH,2AH,2AH,
```

| DATE :AUG.22.2003 | | | TECHNICAL SPECIFICATION |
|---|---|---|---|
| LCM | | HY-1602F-801 | Page 13 of 26 |

```
  DB      54H,4DH,0B0H,44H,4DH,43H,34H,30H,
  DB      32H,2AH,2AH,2AH,2AH,2AH,2AH,2AH,
  DB      2AH,2AH,2AH,2AH,2AH,2AH,2AH,2AH,
  DB      2AH,2AH,2AH,2AH,2AH,2AH,2AH,2AH,
MAIN :
  MOV     SP, #60H       ;Initial for the first display
  MOV     P1, #38H       ;set function
  LCALL   WINST
  MOV     P1, #0EH       ;set display on/off control
  LCALL   WINST
  MOV     P1, #06H       ;set Entry mode
  LCALL   WINST
  MOV     P1, #01H       ;clear display,write code 20h into all DDRAM
  LCALL   WINST
  LCALL   DELAY1


  MOV     DPTR, #0300H
  MOV     R0, #28H       ;Set Pointer
  MOV     R2, #00H
  MOV     A, #00H
  MOV     P1, #80H       ;set DDRAM address 0000h
  LCALL   WINST
LOOP1:
  MOVC    A, @A+DPTR
  MOV     P1, A
  LCALL   WDATA
  INC     R2
  MOV     A, R2
  DJNZ    R0, LOOP1

  MOV     DPTR, #0328H
  MOV     R0, #28H
  MOV     R2, #00H
```

```
 MOV     A, #00H
 MOV     P1, #0C0H
 LCALL   WINST
LOOP2:
 MOVC    A, @A+DPTR
 MOV     P1, A
 LCALL   WDATA
 INC     R2
 MOV     A, R2
 DJNZ    R0, LOOP2     ;The first display is over
 LCALL   DELAY2          ;paused   about 5ms


 MOV     SP, #60H      ;initial for the second display
 MOV     P1, #38H
 LCALL   WINST
 MOV     P1, #0EH
 LCALL   WINST
 MOV     P1, #06H
 LCALL   WINST
 MOV     P1, #01H
 LCALL   WINST
 LCALL   DELAY1

 MOV     DPTR, #0350H    ;ready for the first line display
 MOV     R0, #28H
 MOV     R2, #00H
 MOV     A, #00H
 MOV     P1, #80H
 LCALL   WINST
LOOP3:
 MOVC    A, @A+DPTR
 MOV     P1, A
 LCALL   WDATA
```

```
 INC     R2
 MOV      A, R2
 DJNZ    R0, LOOP3        ;THE first line display is over

 MOV      DPTR, #0378H   ;ready for the second line display
 MOV      R0, #28H
 MOV      R2, #00H
 MOV      A, #00H
 MOV      P1, #0C0H
 LCALL   WINST
LOOP4:
  MOVC     A, @A+DPTR
 MOV      P1, A
 LCALL   WDATA
 INC     R2
 MOV      A, R2
 DJNZ    R0, LOOP4        ;main program is end upto here
LOOP5:
  LCALL   DELAY2
 AJMP    MAIN

WINST:
  CLR      P3.0            ;write to instruction register
 CLR      P3.2
 SETB     P3.1
 LCALL   DELAY1
 CLR      P3.1
 LCALL   DELAY1
 RET

WDATA:
  CLR      P3.2            ;write to data register
 SETB     P3.0
 SETB     P3.1
```

| DATE :AUG.22.2003 | | | TECHNICAL SPECIFICATION |
|---|---|---|---|
| LCM | | **HY-1602F-801** | Page 16 of 26 |

```
 LCALL   DELAY1
 CLR     P3.1
 LCALL   DELAY1
 RET

DELAY1:
        MOV     50H, #08H       ;delay  1648 us
ADDR1:  PUSH    50H
ADDR2:  PUSH    50H
ADDR3:  PUSH    50H
ADDR4:  DJNZ    50H, ADDR4
        POP     50H
        DJNZ    50H, ADDR3
        POP     50H
        DJNZ    50H, ADDR2
 POP     50H
 DJNZ    50H, ADDR1
 RET

DELAY2:
 MOV     R0, #0CCH
 MOV     R2, #66H
ADDR5:
 LCALL   DELAY1          ;delay ccH X 1648us
 DJNZ    R0, ADDR5
ADDR6:
 LCALL   DELAY1          ;delay 66H X 1648us    total 5.05ms
 DJNZ    R2, ADDR6
 RET

 END
```

## 3.Inspection Item and Standards

| Item | The Standard Of Quality Inspection | Checking Manner | Quality Ratio |
|---|---|---|---|
| Frame | Smooth and even surface,no crack,no scratch,no rusty,and not be wrenched out of shape.the range between convex and concave is:d≤0.35mm,and the frame must be connected to the ground. | Checking With Eyes<br>And Using Vernier Caliper, Multimeter | 100% |
| LCD | The major defects would be reject.no scratch and no dusty on the LCD glass surface.d≤0.15mm n≤2 diameter of bubble:d≤0.5 n≤2 damaged size of polarizer:d≤0.15mm, n≤2. | Check It When Displaying | 100% |
| The Relative Position of LCD and Frame | The sealant mouth of the LCD must be at the same side with the frame's. | Checking With Eyes | 100% |
| The Relative Position of PCB Paneland Frame | The frame installing direction must be correct.the twisted angle of the pin is from 45° to 60° ,the pin is vertical to PCB panel and it must be in the middle position of the installing holes. | Checking With Eyes | 100% |
| Function Test | 1. The major defects must be reject.<br>2. Test flow chart (see attached chart)<br>3. Background changes evenly and no disorderly displaying phenomenon.<br>4. Display no shortage. | Check It When Displaying | 100% |

Note:D～Diameter N～Quantity Unit:mm

## Ⅴ. Instruction System and Description of Details

### 1.Instruction System

Only two SPLC780A OR S6A0069X01-C0CX registers,the Instruction Register (IR) and the Data Register (DR) can be directly controlled by the MPU.Prior to internal operation start,control information is temporarily stored in these registers,to allow interface form SPLC780A OR S6A0069X01-C0CX internal operation to various types of MPUs which operate in different speeds or to allow interface to peripheral control ICS.SPLC780A OR S6A0069X01-C0CX internal operation is determined by signals sent from the MPU.These signals include register selection signal(RS),read/write signals (R/W) and data bus signals (DB0—DB7),and are called instructions,here.Table 1 shows the instructions and their execution time.Details are explained in subsequent sections.

Instructions are of 4 types, those that,

(1) Designate SPLC780A OR S6A0069X01-C0CX functions such as display format,data length,etc.

(2) Give internal RAM addresses.

(3) Perform data transfer with internal RAM.

(4) Others.

In normal use,category (3) instructions are used most frequently.However,automatic incrementing by +1 (or decrementing by –1) of SPLC780A OR S6A0069X01-C0CX internal RAM addresses after each data write lessens the MPU program load.The display shift is especially able to perform concurrently with display data write ,enabling the user to develop systems in minimum time with maximum programming efficiency.For an explanation of the shift function in its relation to display ,.When an instruction is executing during internal operation,no instruction other than the busy flag/address read instruction will be executed.

Because the busy flag is set to "1" while an instruction is being executed,check to make sure it is on "1" before sending an instruction from the MPU.

Note 1

Make sure the SPLC780A OR S6A0069X01-C0CX is not in the busy state (BF=0) before sending the instruction from the MPU to the SPLC780A OR S6A0069X01-C0CX. If the instruction is sent without checking the busy flag the time between first and next instructions is much longer than the instruction time.

See Table 1 for a list of each instruction execution time.

Note 2

After executing instruction of writing data to CG/DD RAM or reading data from CG/

| DATE :AUG.22.2003 | | | TECHNICAL SPECIFICATION |
|---|---|---|---|
| LCM | | HY-1602F-801 | Page 19 of 26 |

DD RAM,RAM address counter is automatically incremented by 1 (or decremented by 1). In this case, this shift is executed after Busy flag is set to "Low".$T_{ADD}$ is stipulated the time from the fall edge of busy flag to the end of address counter's renewal.

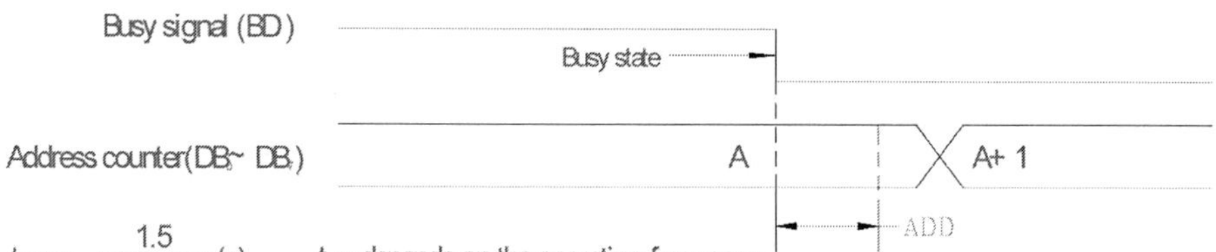


$t_{ADD} = \frac{1.5}{f_{cp} \text{ or } f_{osc}}$ (s)  $t_{ADD}$ depends on the operating frequency

**Table 1 Instructions**

| Instruction | Code | | | | | | | | | | Description | Execution time (when Fose is 250 KHz) Note 1 | Execution time (when Fose is 160 KHz) Note 2 |
|---|---|---|---|---|---|---|---|---|---|---|---|---|---|
| | RS | R/W | DB7 | DB6 | DB5 | DB4 | DB3 | DB2 | DB1 | DB0 | | | |
| Clear display | 0 | 0 | 0 | 0 | 0 | 0 | 0 | 0 | 0 | 1 | Clears all display and returns theCursor to home position (Address 0). | 82us~1.64ms | 120us~4.9ms |
| Return home | 0 | 0 | 0 | 0 | 0 | 0 | 0 | 0 | 1 | * | Returns the cursor to the home position (Address 0).Also returns the display being shifted to the original position. DDRAM contents remain unchanged. | 40us~1.6ms | 120us~4.8ms |
| Entry mode set | 0 | 0 | 0 | 0 | 0 | 0 | 0 | 1 | I/D | S | Sets the cursor move direction and specifies or not to shift the display.These operations are performed during data write and read | 40us | 120us |
| Display ON/OFF control | 0 | 0 | 0 | 0 | 0 | 0 | 1 | D | C | B | Sets ON/OFF of all display (D). cursor ON/OFF (C).and blink of cursor position character (B). | 40us | 120us |
| Cursor and display shift | 0 | 0 | 0 | 0 | 0 | 1 | S/C | R/L | * | * | Moves the cursor and shites the display without changing DD RAM contents. | 40us | 120us |
| Function set | 0 | 0 | 0 | 0 | 1 | DL | N | F | * | * | Sets interface data length (DL) number of display lines (L) and character font (F). | 40us | 120us |
| Set CG RAM address | 0 | 0 | 0 | 1 | ACG | | | | | | Sets the CG RAM address.CG RAM data is sent and received After this setting | 40us | 120us |
| Set DD RAM address | 0 | 0 | 1 | ADD | | | | | | | Sets the DD address. DD RAM data is sent and received After this setting | 40us | 120us |
| Read busy flag & address | 0 | 1 | BF | AC | | | | | | | Reads Busy flag (BF) indicating internal operation is being performed and reads address counter contents. | 1us | 1us |
| Write data to CG o r DD RAM | 1 | 0 | Write Data | | | | | | | | Writes data into DD RAM or CG RAM. | 40us | 120us |
| Read data to CG or DD RAM | 1 | 1 | Read Data | | | | | | | | Reads data from DD RAM or CG RAM | 40us | 120us |
| | I/D=1: Increment (+1)I/D=0: Decrement (-1)<br>S =1: Accompanies display shift<br>S/C=1: Display shift S/C=0:Cursor move<br>R/L=0: Shift to right<br>R/L=0: Shift to left<br>DL =1: 8 bits DL =0: 4 bits<br>N =1: 2 lines N =0: 1 lines<br>F =1: 5x10 dots F =0: 5x7 dots<br>BF =1: Internally operating<br>BF =0: Can accept instruction | | | | | | | | | | DD RAM: Display data RAM<br>CG RAM: Character generator RAM<br>ACG: CG RAM address<br>ADD: DD RAM address Corresponds to cursor address<br>AC: Address counter used For both of DD and CG RAM address | Execution time changes when Frequency changes (Example)<br>When fosc is 270k Hz:<br>40us x 250/270 = 37us | |

* No effect

Notes 1: Applied to models driven by 1/8 duty or 1/11 duty.

2: Applied to models driven by 1/16 duty.

## 2. Description of details

### (1) Clear display

RS R/W DB7 ------------------------------------------------------------------DB0

| DATE :AUG.22.2003 | | | TECHNICAL SPECIFICATION |
|---|---|---|---|
| LCM | | HY-1602F-801 | Page 20 of 26 |

| Code | 0 | 0 | 0 | 0 | 0 | 0 | 0 | 0 | 0 | 1 |
|---|---|---|---|---|---|---|---|---|---|---|

Writes space code “20” (hexadecimal) (character pattern for character code “20” must be blank pattern) into all DD RAM address.Set DD RAM address 0 in address counter.Returns display to its original status if it was shifted. In other words.the display disappears and the cursor or blink go to the left edge of the display (the first if 2 lines are displayer).Set I/D= 1 (Increment Mode) of Entry Mode.S of Entry Mode doesn’t change.

(2) Return home

RS R/W DB7 ----------------------------------------------------------------DB0

| Code | 0 | 0 | 0 | 0 | 0 | 0 | 0 | 0 | 1 | * |
|---|---|---|---|---|---|---|---|---|---|---|

*No effect

Sets the DD RAM address 0 in address counter. Returns display to its original status if it was shifted. DD RAM contents do not change. The cursor or blink go to the left edge of the display (the first line if 2 lines are displayed).

(3) Entry mode set

RS R/W DB7 ----------------------------------------------------------------DB0

| Code | 0 | 0 | 0 | 0 | 0 | 0 | 0 | 1 | I/D | S |
|---|---|---|---|---|---|---|---|---|---|---|

**I/D**: Increments (I/D = 1) or decrement s (I/D) the DD RAM address by 1 when a character code is written into or read from the DD RAM .The cursor blink moves to the right when incremented by 1 and to the left when decremented by 1. The same applies to writing and reading of CG RAM.

**S**: Shifts the entire display either to the right or to the left when **S** is 1; to the left when I/D = 1 and to the right when I/D = 0. Thus it looks as if the cursor stands still and the display moves.The display does not shift when reading from the DD RAM when writing into or reading out from the CG RAM does it shift when S =0.

(4) Display ON/OFF control

RS R/W DB7 ----------------------------------------------------------------DB0

| Code | 0 | 0 | 0 | 0 | 0 | 0 | 1 | D | C | B |
|---|---|---|---|---|---|---|---|---|---|---|

**D:** The display is ON when D = 1 and OFF when D = 0. when off due to D = 0,display Data remains in the DD RAM.It can be displayed immediately by setting D = 1.

**C:** The cursor displays when C = 1 and does not display when C = 0. Even if the Cursor disappears,the function of I/D,etc.does not change during display data write.

The cursor is displayed using 5 dots in the 8th line when the 5x7 dot character font

Is selected and 5 dots in the 11th line when the 5x10 dot character font is selected.

**B:** The character indicated by the cursor blink when B = 1.The blink is displayed by Switching between all blank dots and display characters at 409.6 ms interval when fcp or fosc =250Khz. The cursor and the blink can be set to display simultaneously. (The blink frequency changes according to the reciprocal of fcp or fose. 409.6x250/ 270 = 379.2ms when fcp = 270kHz).

(5) Cursor or display shift

| | RS | R/W | DB7 | | | | | | | DB0 |
|---|---|---|---|---|---|---|---|---|---|---|
| Code | 0 | 0 | 0 | 0 | 0 | 1 | S/c | R/l | * | * |

*No effect

Shifts Cursor position or display to the right or left without writing or reading display data.This function is used to correct or search for the display .In a 2-lines display, the cursor moves to the 2nd line when its passes the 40th digit of the 1st line.Notice that the 1st and 2nd line display will shift at the same time.When the displayed data is shifted repeatedly each line only moves horizontally.The 2nd line display does not shift into the 1st line position

| S/C | R/L | |
|---|---|---|
| 0 | 0 | Shifts the cursor position to the left.(AC is decremented by one.) |
| 0 | 1 | Shifts the cursor position to the right. (AC is decremented by one.) |
| 1 | 0 | Shifts the entire display to the left. The cursor follows the display shift. |
| 2 | 1 | Shifts the entire display to the right.The cursor follows the display shift. |

Address counter (AC) contents do not change if the only action performed is shift

(6) Function set

| | RS | R/W | DB7 | | | | | | | DB0 |
|---|---|---|---|---|---|---|---|---|---|---|
| Code | 0 | 0 | 0 | 0 | 1 | DL | N | F | * | * |

*No effect

**DL:** Sets interface data length.Data is sent or received in 8 bit lengths (DB7~DB0) when DL = 1and in 4 bit lengths (DB7~DB4) when DL = 0.when the 4 bit length is selected

Data must be sent or received twice.

**N:** Sets number of display lines

**F:** Sets character font.

(Note) Perform the function at the head of the program before executing all instruction (expect "Busy flag/address read").From this point,the function set instruction cannot be executed unless the interface data length is changed.

| N F | No.of display lines | Character font | Duty factor | Remarks |
|---|---|---|---|---|
| 0 0 | 1 | 5x7 dots | 1/8 | |
| 0 1 | 1 | 5x10 dots | 1/11 | |
| 1 * | 2 | 5x7 dots | 1/16 | Cannot display 2 lines with 5x10 dot character font. |

*No effect

**(7) Set CG RAM address**

| | RS | R/W | DB7 | | | | | | | DB0 |
|---|---|---|---|---|---|---|---|---|---|---|
| Code | 0 | 0 | 0 | 1 | A | A | A | A | A | A |

←Higher Order Bits Lower Order Bits→

Sets the CG RAM address into the address counter in binary AAAAAA.Data is then Written or read from the MPU for the CG RAM

**(8) Set DD RAM address**

| | RS | R/W | DB7 | | | | | | | DB0 |
|---|---|---|---|---|---|---|---|---|---|---|
| Code | 0 | 0 | 1 | A | A | A | A | A | A | A |

←Higher Order Bits Lower Order Bits→

Sets the DD RAM address into the address counter in binary AAAAAAA.Data is then Written or read from the MPU for the DD RAM.

However, When N = 0 (1-line display),AAAAAAA is "00" ~ "4F" (hexadecimal).
When N = 1 (2-line display),AAAAAAA is "00" ~ "27" (hexadecimal) for the first line,and "40" ~ "67" (hexadecimal) for the second line.

**(9) Read busy flag & address**

| | RS | R/W | DB7 | | | | | | | DB0 |
|---|---|---|---|---|---|---|---|---|---|---|
| Code | 0 | 1 | BF | A | A | A | A | A | A | A |

←Higher Order Bits Lower Order Bits→

Reads the busy flag (BF) that indicates the system is now internally operating by a previously received instruction.BF=1 indicates that internal operation is in progress. The next instruction will not be accepted until BF is set to "0".check the BF status before the next write operation.At the same time,the value of the address counter expressed in binary AAAAAAA is read out. The address counter is used by both CG and DD RAM address ,and its value is determined by the previous instruction. Address contents are the same as in terms (7) and (8).

**(10) Write data to CG or DD RAM**

| | RS | R/W | DB7 | | | | | | | DB0 |
|---|---|---|---|---|---|---|---|---|---|---|
| Code | 1 | 0 | D | D | D | D | D | D | D | D |

←Higher Order Bits Lower Order Bits→

Writes binary 8 bit data DDDDDDDD to the CG or the DD RAM.Whether the CG or DD RAM is to be written into is determined by the previous specification of CG RAM or DD RAM address setting .After write ,the address is automatically incremented or decremented by 1 according to entry mode.The entry mode also determines display shift.

**(11) Read data from CG or DD RAM**

| | RS | R/W | DB7 | | | | | | | DB0 |
|---|---|---|---|---|---|---|---|---|---|---|
| Code | 1 | 1 | D | D | D | D | D | D | D | D |

←Higher Order Bits Lower Order Bits→

Reads binary 8 bits data DDDDDDDD from the CG or DD RAM. The previous designation determines whether the CG or DD RAM is to be read. Before entering the read instruction ,you must execute either the CG RAM or DD RAM address set instruction.If you don't,the first read data will be invalidated. When serially executing the "read" instruction,the next address data is normally read from the second read. The "address set" instruction need not be executed just before the "read" instruction when shifting the cursor by cursor shift instruction (when reading out DD RAM).The cursor shift instruction operation is the same as that of the DD RAM 's address set instruction.

After a read, the entry mode automatically increases or decreases the address by 1. However, display shift is not executed no matter what the entry mode is.

(Note) The address counter (AC) is automatically incremented or decremented by 1 after"write"instructions to either CG RAM or DD RAM. RAM data selected by the AC cannot than be read out even if "read" instructions are executed. The conditions for correct data read out are : execute either the address set instruction or cursor shift instruction (only with DD RAM), just before reading out execute the "read" instruction from the second time the "read" instruction is serial.

### 3. Precaution on programming

**(1) Instruction of function set**

Perform the function at the head of program that accesses SPLC780A OR S6A0069X01-C0CX before executing all instructions,and not change the data of the instruction Register in the program. The data of function register can be changed by the program as follow;

a. • Changing of DL (Data Length)

• when DL is changed from 8-bit length mode.

• when DL is changed from 4-bit length mode.

b. • Changing of N (Column Number)

• Perform the instruction of function set after executing instruction of display clear or display off.

In this case, sequence of AC and DD RAM must be changed.Thus, rewrite the address set register after that.

c. • Changing of F (Font)

• There is no problem in this case, but for dual-line display,the font mode of 5x11 cannot be selected (this mode is forbidden by hardware).

When N of F is changed, power supply voltage for LCD must be changed.If not Changed,crosstalk will appear,or contrast will be poor.

**(2) Busy flag check**

SPLC780A OR KS0066 is produced in the CMOS process,therefore internal executing time is long.

Standard time is 40us~1.6ms. (This varies by instruction).

When the high speed MPU controls it, check the busy flag before performing Instruction or reading data.

While internal operation is active, Enable signal is not accepted. (Enable signal at Reading status register for checking busy flag is accepted) Busy flag signal is output through DB7, as shown in Table 3, when RS = "0",R/W = "1 ",and Enable="1"

**(3) luput of unidentified instruction code**

Undefined instruction code of SPLC780A OR S6A0069X01-C0CX is only as follows;

| RS | R/W | DB7~DB |
|---|---|---|
| 0 | 0 | 0~ |

(Others are included to defined instruction)

When the undefined instruction code is loaded to SPLC780A OR

| DATE :AUG.22.2003 | | | TECHNICAL SPECIFICATION |
|---|---|---|---|
| LCM | | **HY-1602F-801** | Page 25 of 26 |

S6A0069X01-C0CX, it accepts the code,but Does not change the internal states (RAM and other status of Flags). Busy state,

However continues for maximum 40us by the acceptance of the code.

**Table 2 The relation between the operation and the combination of RS,R/W**

| RS | R/W | E | Operation |
|---|---|---|---|
| 0 | 0 | 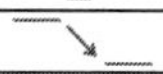 | Write instruction code |
| 0 | 1 | 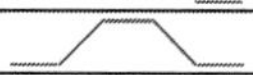 | Read busy flag and address counter |
| 1 | 0 | 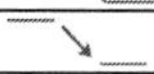 | Write data |
| 1 | 1 | 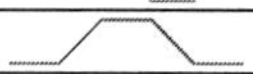 | Read data |

When performing data and instruction code by 4 bit, transfer RS, R/W every time.



| DATE :AUG.22.2003 | | | TECHNICAL SPECIFICATION |
|---|---|---|---|
| LCM | | HY-1602F-801 | Page 26 of 26 |

OKI 沖マイクロ技研株式会社

## KHL35/42
シリーズ

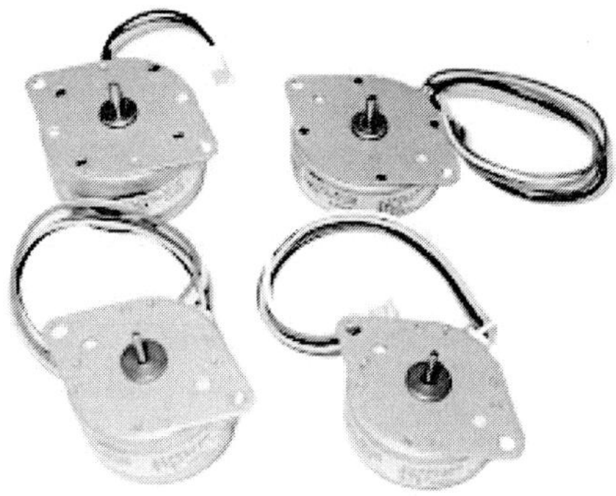

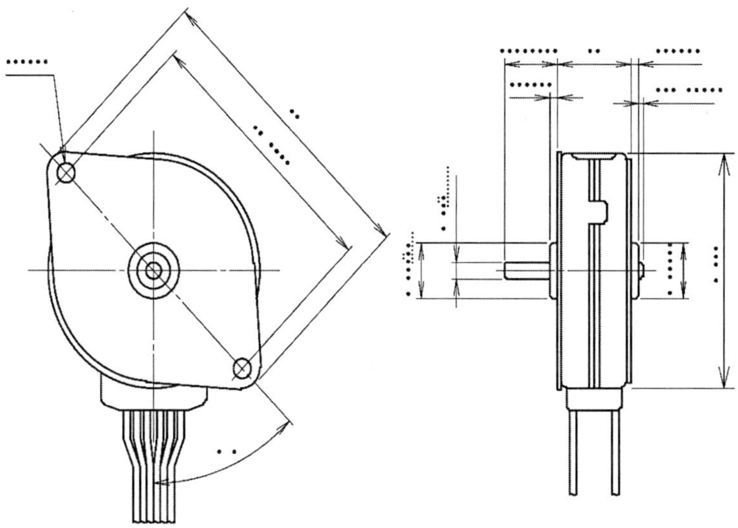

| 型式 | L | φd | W | P | φD | H | θ | 重量(g) | ｽﾃｯﾌﾟ角度(° /step) | 絶縁階級 |
|---|---|---|---|---|---|---|---|---|---|---|
| KHL35SL | 14.5 | 2 | 50 | 42 | 35 | φ3.5<br>M3ﾊﾞｰﾘﾝｸﾞ<br>φ2.65ﾊﾞｰﾘﾝｸﾞ | 45°<br>90°<br>135° | 70 | 7.5 | E種 |
| KHL35LL | 21.6 | | | | | | | 120 | | |
| KHL42SL | 14.5 | 3 | 57 | 49.5 | 42 | | | 90 | | |
| KHL42LL | 23 | | | | | | | 150 | | |

■ピニオン仕様

| 型式 | KHL35 Series | | | KHL42 Series | | | | |
|---|---|---|---|---|---|---|---|---|
| 歯車の種類 | 平歯車 | | | | | | | |
| 圧力角 | 20° | | | | | | | |
| モジュール | 0.4 | 0.5 | | 0.4 | | 0.5 | | |
| 歯数 | 15 | 14 | 16 | 15 | 16 | 16 | 17 | 20 |
| ピッチ円直径 | Φ6 | Φ7 | Φ8 | Φ6 | Φ6.4 | Φ8 | Φ8.5 | Φ10 |
| 歯先円直径 | Φ6.8 | Φ8 | Φ9 | Φ6.8 | Φ7.2 | Φ9 | Φ9.5 | Φ11 |
| 材質 | 鉄系焼結 | | | | | | | |
| 精度 | JIS 6級 | | | | | | | |

**OKI 沖マイクロ技研株式会社**

## ■KHL35SL 動トルク特性

KHL35SL(140Ω)

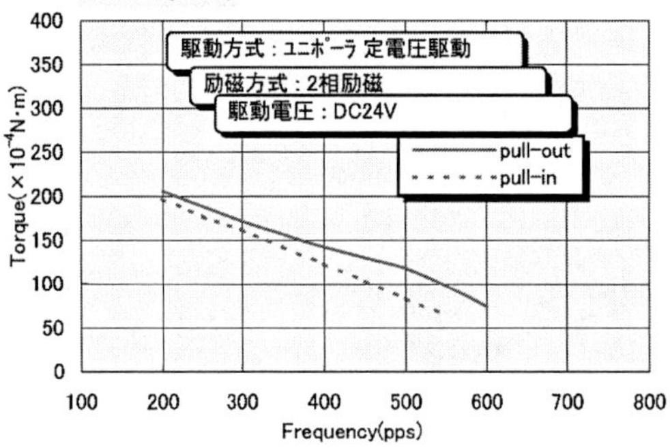


KHL35SL(95Ω)

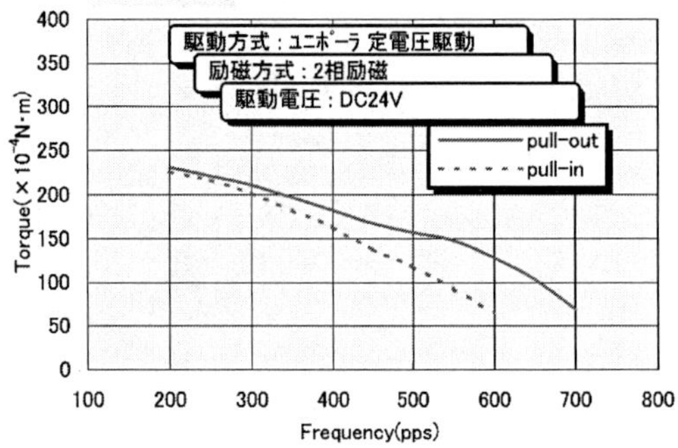


KHL35SL(57Ω)

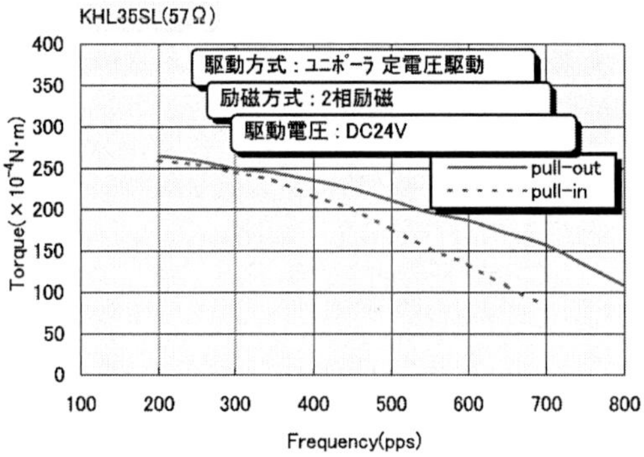


KHL35SL(98Ω)

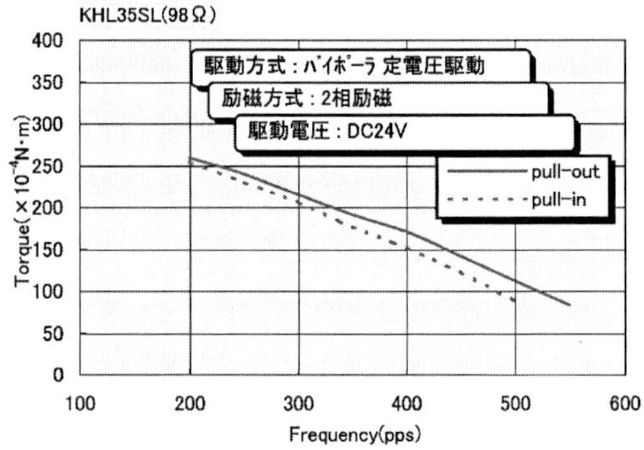


## ■KHL35LL 動トルク特性

KHL35LL(117Ω)

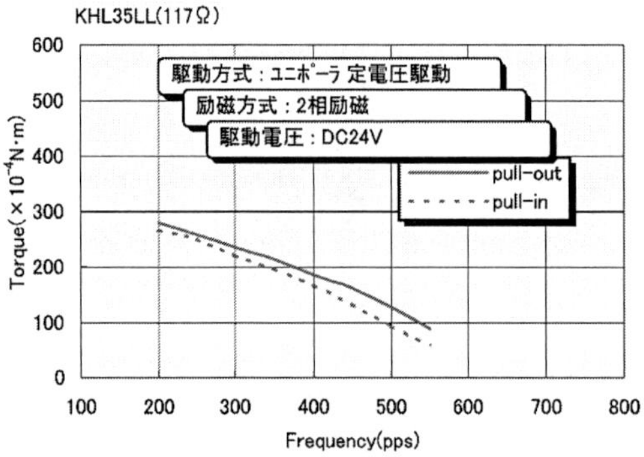


KHL35LL(86Ω)

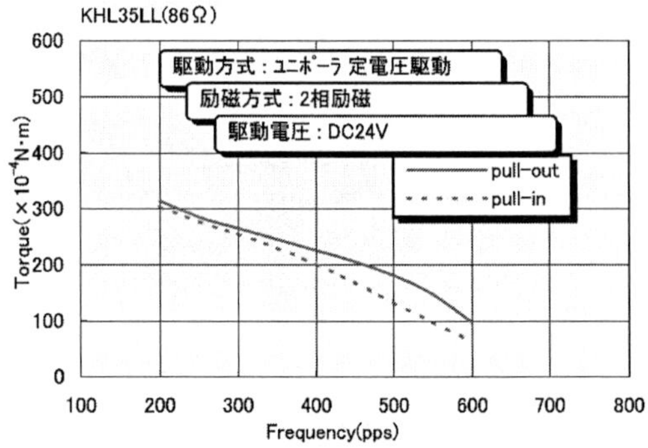


KHL35LL(50Ω)

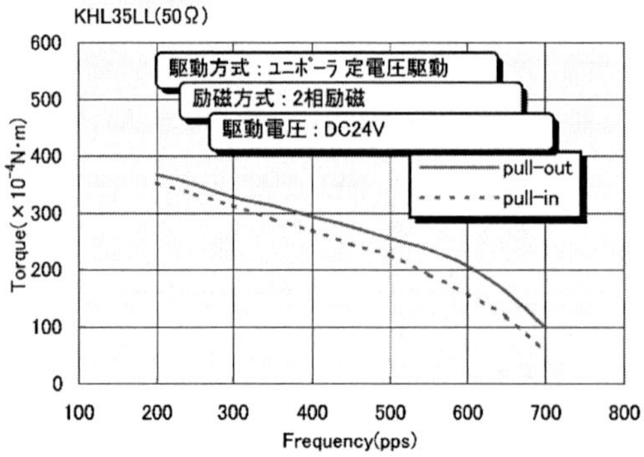


KHL35LL(78Ω)

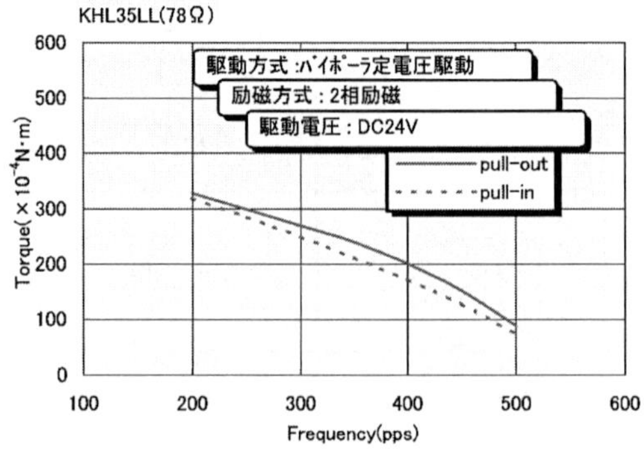

OKI 沖マイクロ技研株式会社

## ■KHL42SL 動トルク特性

KHL42SL(110Ω)

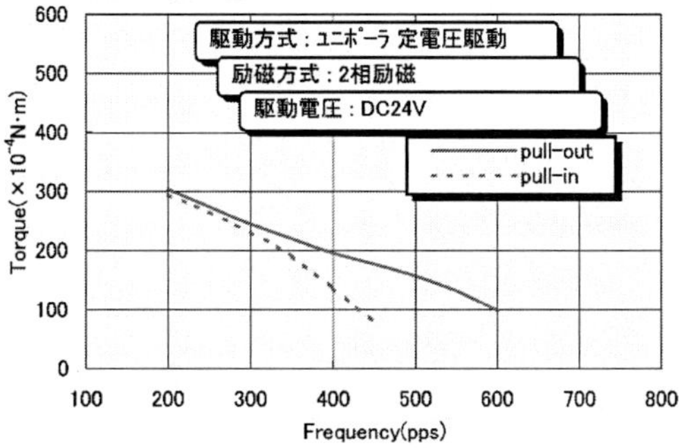


KHL42SL(75Ω)

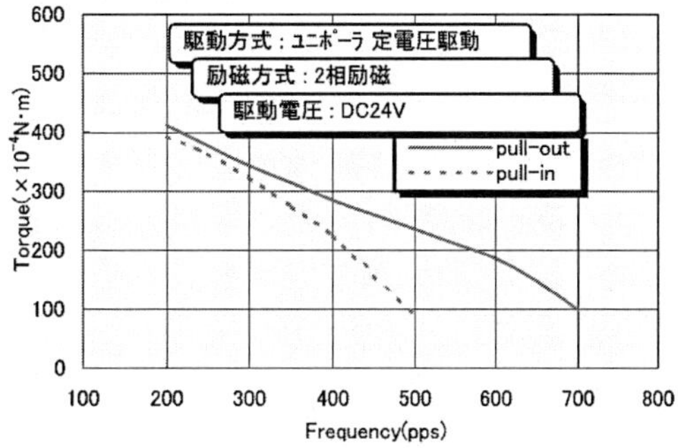


KHL42SL(18.6Ω)

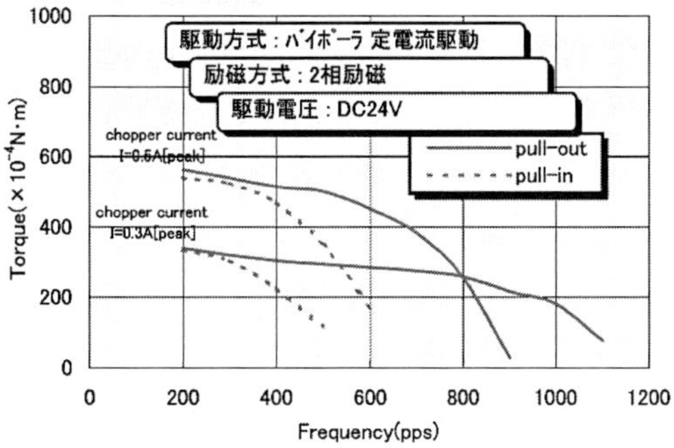


KHL42SL(8.7Ω)

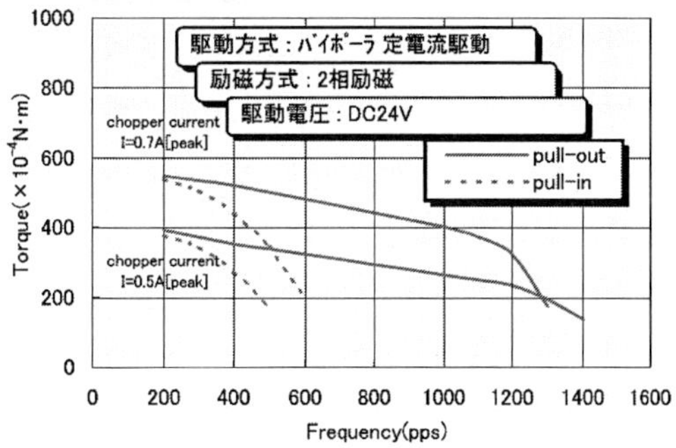


## ■KHL42LL 動トルク特性

KHL42LL(85Ω)

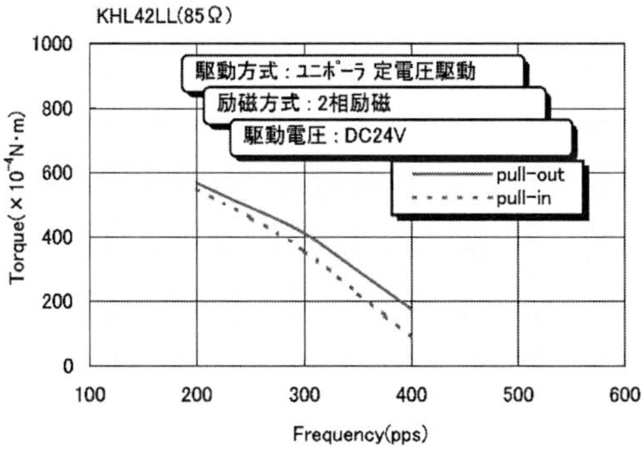


KHL42LL(60Ω)

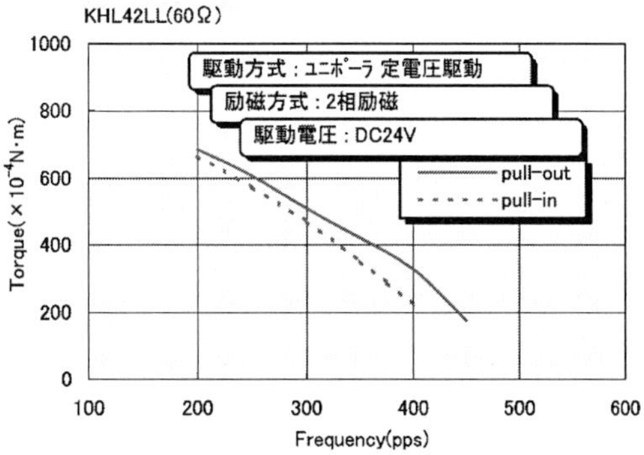


KHL42LL(8.7Ω)

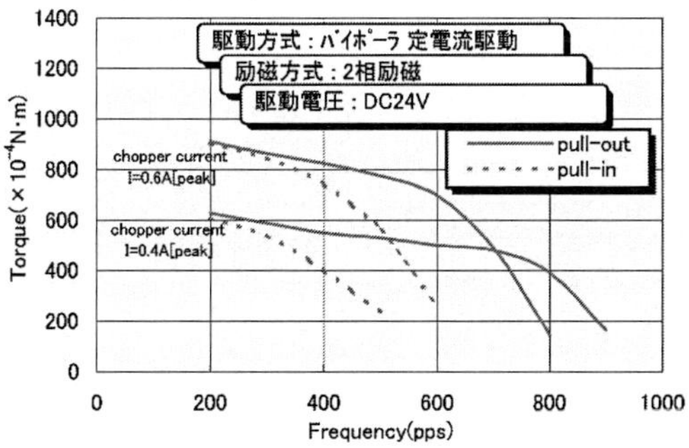


KHL42LL(4.1Ω)

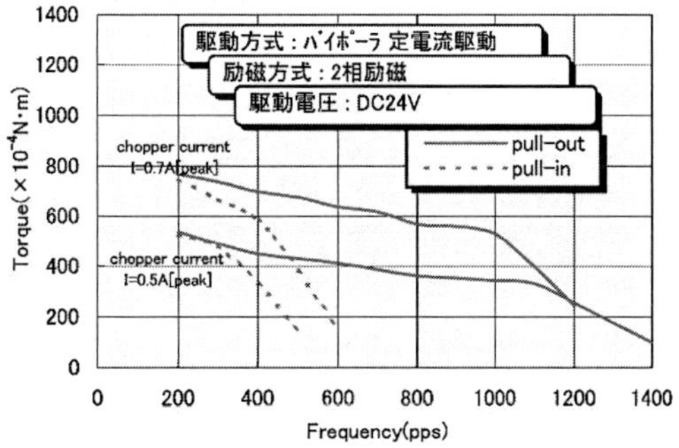

## Connection Diagrams

**TO-46**
**Metal Can Package***

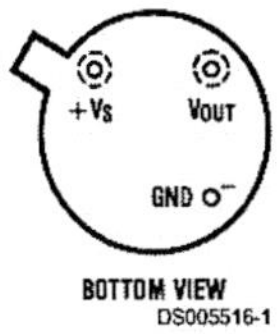


*Case is connected to negative pin (GND)

**Order Number LM35H, LM35AH, LM35CH, LM35CAH or LM35DH**
**See NS Package Number H03H**

**SO-8**
**Small Outline Molded Package**

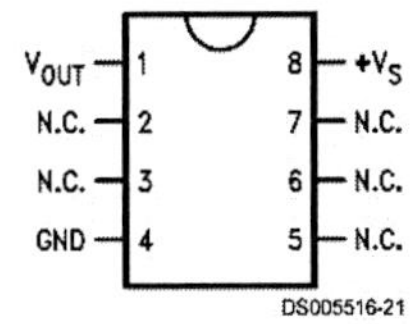


N.C. = No Connection

**Top View**
**Order Number LM35DM**
**See NS Package Number M08A**

**TO-92**
**Plastic Package**

**Order Number LM35CZ, LM35CAZ or LM35DZ**
**See NS Package Number Z03A**

**TO-220**
**Plastic Package***

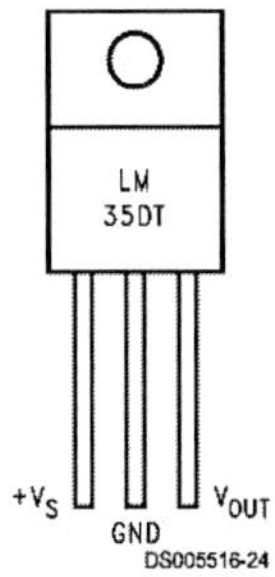


*Tab is connected to the negative pin (GND).
**Note:** The LM35DT pinout is different than the discontinued LM35DP.

**Order Number LM35DT**
**See NS Package Number TA03F**

## Absolute Maximum Ratings (Note 10)

**If Military/Aerospace specified devices are required, please contact the National Semiconductor Sales Office/ Distributors for availability and specifications.**

| | |
|---|---|
| Supply Voltage | +35V to −0.2V |
| Output Voltage | +6V to −1.0V |
| Output Current | 10 mA |
| Storage Temp.; | |
| TO-46 Package, | −60°C to +180°C |
| TO-92 Package, | −60°C to +150°C |
| SO-8 Package, | −65°C to +150°C |
| TO-220 Package, | −65°C to +150°C |
| Lead Temp.: | |
| TO-46 Package, (Soldering, 10 seconds) | 300°C |
| TO-92 and TO-220 Package, (Soldering, 10 seconds) | 260°C |
| SO Package (Note 12) | |
| Vapor Phase (60 seconds) | 215°C |
| Infrared (15 seconds) | 220°C |
| ESD Susceptibility (Note 11) | 2500V |
| Specified Operating Temperature Range: $T_{MIN}$ to $T_{MAX}$ (Note 2) | |
| LM35, LM35A | −55°C to +150°C |
| LM35C, LM35CA | −40°C to +110°C |
| LM35D | 0°C to +100°C |

## Electrical Characteristics

(Notes 1, 6)

| Parameter | Conditions | LM35A | | | LM35CA | | | Units (Max.) |
|---|---|---|---|---|---|---|---|---|
| | | Typical | Tested Limit (Note 4) | Design Limit (Note 5) | Typical | Tested Limit (Note 4) | Design Limit (Note 5) | |
| Accuracy (Note 7) | $T_A$=+25°C | ±0.2 | ±0.5 | | ±0.2 | ±0.5 | | °C |
| | $T_A$=−10°C | ±0.3 | | | ±0.3 | | ±1.0 | °C |
| | $T_A=T_{MAX}$ | ±0.4 | ±1.0 | | ±0.4 | ±1.0 | | °C |
| | $T_A=T_{MIN}$ | ±0.4 | ±1.0 | | ±0.4 | | ±1.5 | °C |
| Nonlinearity (Note 8) | $T_{MIN} \le T_A \le T_{MAX}$ | **±0.18** | | **±0.35** | **±0.15** | | **±0.3** | °C |
| Sensor Gain (Average Slope) | $T_{MIN} \le T_A \le T_{MAX}$ | **+10.0** | **+9.9, +10.1** | | **+10.0** | | **+9.9, +10.1** | mV/°C |
| Load Regulation (Note 3) $0 \le I_L \le 1$ mA | $T_A$=+25°C | ±0.4 | ±1.0 | | ±0.4 | ±1.0 | | mV/mA |
| | $T_{MIN} \le T_A \le T_{MAX}$ | **±0.5** | | **±3.0** | **±0.5** | | **±3.0** | mV/mA |
| Line Regulation (Note 3) | $T_A$=+25°C | ±0.01 | ±0.05 | | ±0.01 | ±0.05 | | mV/V |
| | $4V \le V_S \le 30V$ | **±0.02** | | **±0.1** | **±0.02** | | **±0.1** | mV/V |
| Quiescent Current (Note 9) | $V_S$=+5V, +25°C | 56 | 67 | | 56 | 67 | | μA |
| | $V_S$=+5V | **105** | | **131** | **91** | | **114** | μA |
| | $V_S$=+30V, +25°C | 56.2 | 68 | | 56.2 | 68 | | μA |
| | $V_S$=+30V | **105.5** | | **133** | **91.5** | | **116** | μA |
| Change of Quiescent Current (Note 3) | $4V \le V_S \le 30V$, +25°C | 0.2 | 1.0 | | 0.2 | 1.0 | | μA |
| | $4V \le V_S \le 30V$ | **0.5** | | **2.0** | **0.5** | | **2.0** | μA |
| Temperature Coefficient of Quiescent Current | | **+0.39** | | **+0.5** | **+0.39** | | **+0.5** | μA/°C |
| Minimum Temperature for Rated Accuracy | In circuit of *Figure 1*, $I_L$=0 | +1.5 | | +2.0 | +1.5 | | +2.0 | °C |
| Long Term Stability | $T_J=T_{MAX}$, for 1000 hours | ±0.08 | | | ±0.08 | | | °C |

## Electrical Characteristics

(Notes 1, 6)

| Parameter | Conditions | LM35 | | | LM35C, LM35D | | | Units |
|---|---|---|---|---|---|---|---|---|
| | | Typical | Tested Limit (Note 4) | Design Limit (Note 5) | Typical | Tested Limit (Note 4) | Design Limit (Note 5) | (Max.) |
| Accuracy, LM35, LM35C (Note 7) | $T_A$=+25°C | ±0.4 | ±1.0 | | ±0.4 | ±1.0 | | °C |
| | $T_A$=−10°C | ±0.5 | | | ±0.5 | | ±1.5 | °C |
| | $T_A=T_{MAX}$ | ±0.8 | ±1.5 | | ±0.8 | | ±1.5 | °C |
| | $T_A=T_{MIN}$ | ±0.8 | | ±1.5 | ±0.8 | | ±2.0 | °C |
| Accuracy, LM35D (Note 7) | $T_A$=+25°C | | | | ±0.6 | ±1.5 | | °C |
| | $T_A=T_{MAX}$ | | | | ±0.9 | | ±2.0 | °C |
| | $T_A=T_{MIN}$ | | | | ±0.9 | | ±2.0 | °C |
| Nonlinearity (Note 8) | $T_{MIN}\le T_A\le T_{MAX}$ | **±0.3** | | **±0.5** | **±0.2** | | **±0.5** | °C |
| Sensor Gain (Average Slope) | $T_{MIN}\le T_A\le T_{MAX}$ | **+10.0** | **+9.8, +10.2** | | **+10.0** | | **+9.8, +10.2** | mV/°C |
| Load Regulation (Note 3) $0\le I_L\le 1$ mA | $T_A$=+25°C | ±0.4 | ±2.0 | | ±0.4 | ±2.0 | | mV/mA |
| | $T_{MIN}\le T_A\le T_{MAX}$ | **±0.5** | | **±5.0** | **±0.5** | | **±5.0** | mV/mA |
| Line Regulation (Note 3) | $T_A$=+25°C | ±0.01 | ±0.1 | | ±0.01 | ±0.1 | | mV/V |
| | $4V\le V_S\le 30V$ | **±0.02** | | **±0.2** | **±0.02** | | **±0.2** | mV/V |
| Quiescent Current (Note 9) | $V_S$=+5V, +25°C | 56 | 80 | | 56 | 80 | | μA |
| | $V_S$=+5V | **105** | | **158** | **91** | | **138** | μA |
| | $V_S$=+30V, +25°C | 56.2 | 82 | | 56.2 | 82 | | μA |
| | $V_S$=+30V | **105.5** | | **161** | **91.5** | | **141** | μA |
| Change of Quiescent Current (Note 3) | $4V\le V_S\le 30V$, +25°C | 0.2 | 2.0 | | 0.2 | 2.0 | | μA |
| | $4V\le V_S\le 30V$ | **0.5** | | **3.0** | **0.5** | | **3.0** | μA |
| Temperature Coefficient of Quiescent Current | | **+0.39** | | **+0.7** | **+0.39** | | **+0.7** | μA/°C |
| Minimum Temperature for Rated Accuracy | In circuit of *Figure 1*, $I_L$=0 | +1.5 | | +2.0 | +1.5 | | +2.0 | °C |
| Long Term Stability | $T_J=T_{MAX}$, for 1000 hours | ±0.08 | | | ±0.08 | | | °C |

**Note 1:** Unless otherwise noted, these specifications apply: $-55°C\le T_J\le +150°C$ for the LM35 and LM35A; $-40°C\le T_J\le +110°C$ for the LM35C and LM35CA; and $0°C\le T_J\le +100°C$ for the LM35D. $V_S$=+5Vdc and $I_{LOAD}$=50 μA, in the circuit of *Figure 2*. These specifications also apply from +2°C to $T_{MAX}$ in the circuit of *Figure 1*. Specifications in **boldface** apply over the full rated temperature range.

**Note 2:** Thermal resistance of the TO-46 package is 400°C/W, junction to ambient, and 24°C/W junction to case. Thermal resistance of the TO-92 package is 180°C/W junction to ambient. Thermal resistance of the small outline molded package is 220°C/W junction to ambient. Thermal resistance of the TO-220 package is 90°C/W junction to ambient. For additional thermal resistance information see table in the Applications section.

**Note 3:** Regulation is measured at constant junction temperature, using pulse testing with a low duty cycle. Changes in output due to heating effects can be computed by multiplying the internal dissipation by the thermal resistance.

**Note 4:** Tested Limits are guaranteed and 100% tested in production.

**Note 5:** Design Limits are guaranteed (but not 100% production tested) over the indicated temperature and supply voltage ranges. These limits are not used to calculate outgoing quality levels.

**Note 6:** Specifications in **boldface** apply over the full rated temperature range.

**Note 7:** Accuracy is defined as the error between the output voltage and 10mv/°C times the device's case temperature, at specified conditions of voltage, current, and temperature (expressed in °C).

**Note 8:** Nonlinearity is defined as the deviation of the output-voltage-versus-temperature curve from the best-fit straight line, over the device's rated temperature range.

**Note 9:** Quiescent current is defined in the circuit of *Figure 1*.

**Note 10:** Absolute Maximum Ratings indicate limits beyond which damage to the device may occur. DC and AC electrical specifications do not apply when operating the device beyond its rated operating conditions. See Note 1.

**Note 11:** Human body model, 100 pF discharged through a 1.5 kΩ resistor.

**Note 12:** See AN-450 "Surface Mounting Methods and Their Effect on Product Reliability" or the section titled "Surface Mount" found in a current National Semiconductor Linear Data Book for other methods of soldering surface mount devices.

## Typical Performance Characteristics

Thermal Resistance Junction to Air

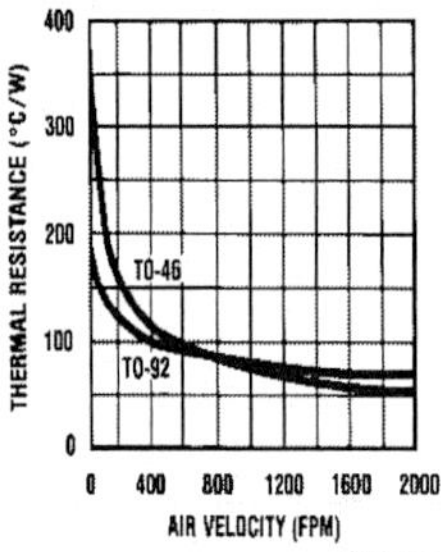


DS005516-25

Thermal Time Constant

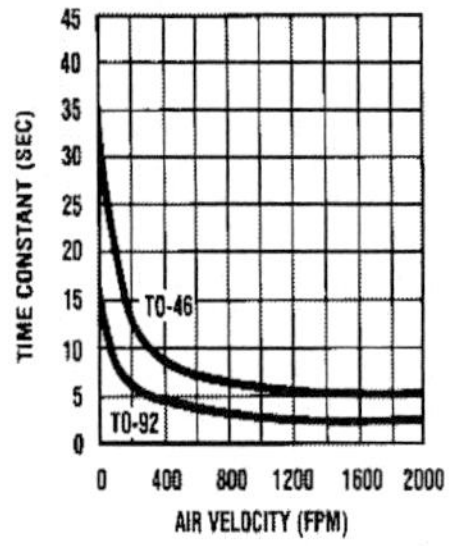


DS005516-26

Thermal Response in Still Air

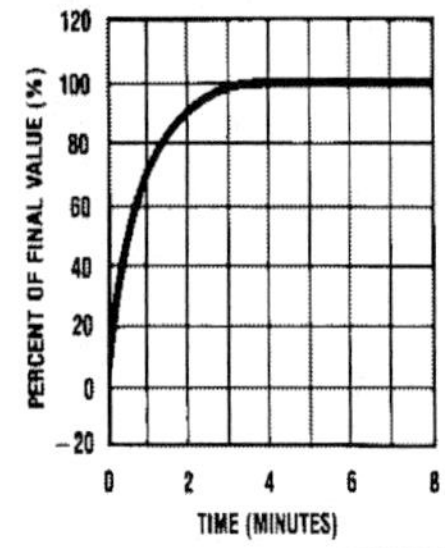


DS005516-27

Thermal Response in Stirred Oil Bath

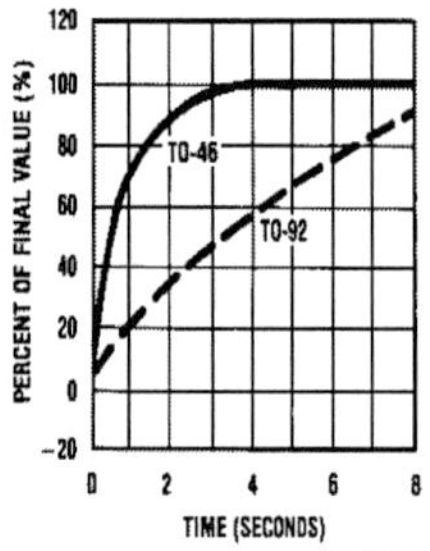


DS005516-28

Minimum Supply Voltage vs. Temperature

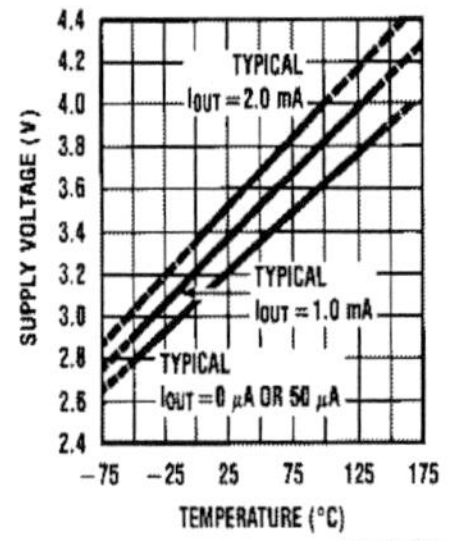


DS005516-29

Quiescent Current vs. Temperature (In Circuit of *Figure 1.*)

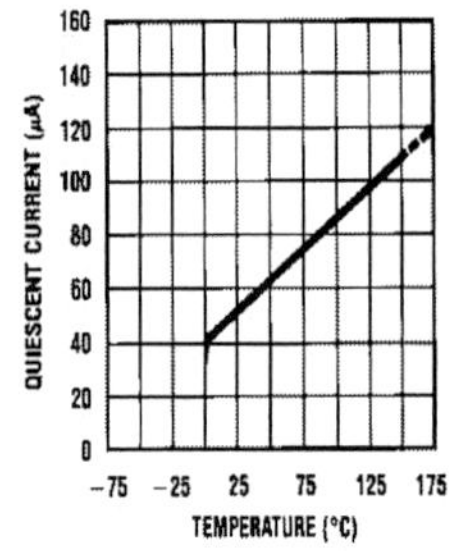


DS005516-30

Quiescent Current vs. Temperature (In Circuit of *Figure 2.*)

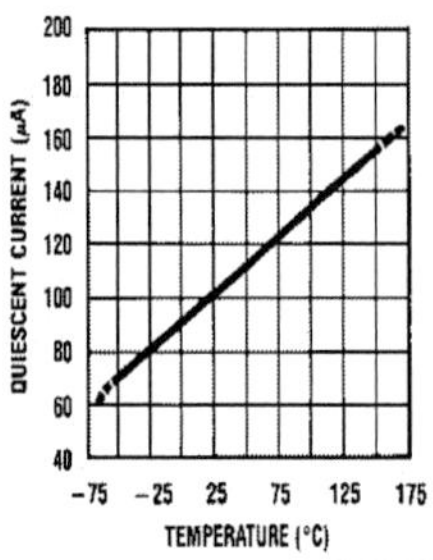


DS005516-31

Accuracy vs. Temperature (Guaranteed)

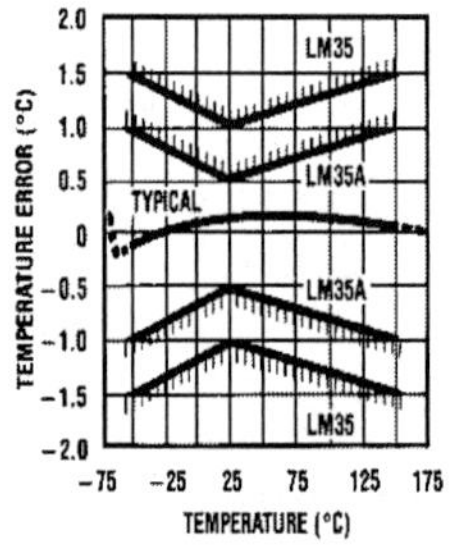


DS005516-32

Accuracy vs. Temperature (Guaranteed)

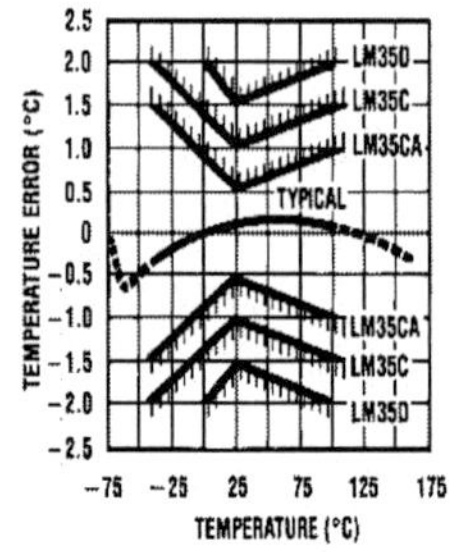


DS005516-33

## Typical Performance Characteristics (Continued)

**Noise Voltage**

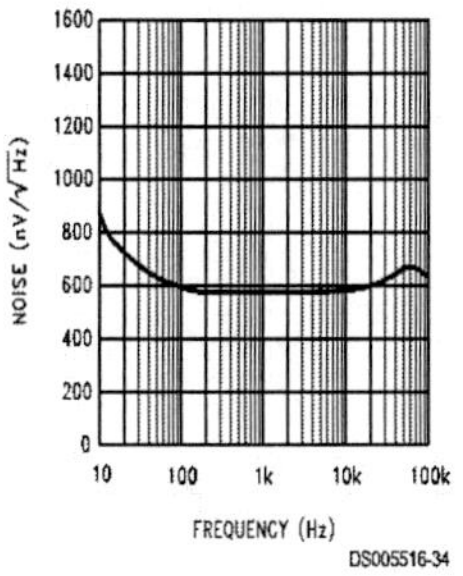


**Start-Up Response**

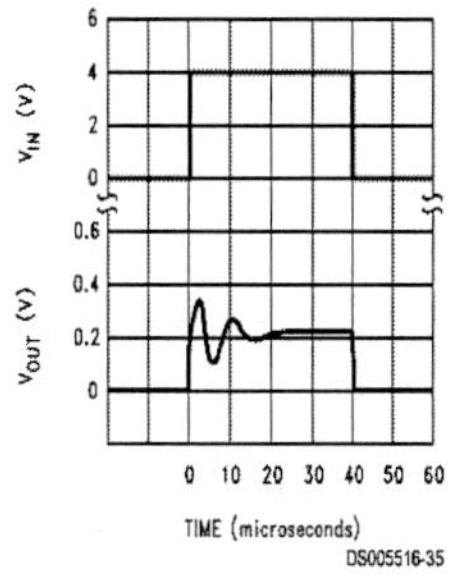


## Applications

The LM35 can be applied easily in the same way as other integrated-circuit temperature sensors. It can be glued or cemented to a surface and its temperature will be within about 0.01˚C of the surface temperature.

This presumes that the ambient air temperature is almost the same as the surface temperature; if the air temperature were much higher or lower than the surface temperature, the actual temperature of the LM35 die would be at an intermediate temperature between the surface temperature and the air temperature. This is expecially true for the TO-92 plastic package, where the copper leads are the principal thermal path to carry heat into the device, so its temperature might be closer to the air temperature than to the surface temperature.

To minimize this problem, be sure that the wiring to the LM35, as it leaves the device, is held at the same temperature as the surface of interest. The easiest way to do this is to cover up these wires with a bead of epoxy which will insure that the leads and wires are all at the same temperature as the surface, and that the LM35 die's temperature will not be affected by the air temperature.

The TO-46 metal package can also be soldered to a metal surface or pipe without damage. Of course, in that case the V− terminal of the circuit will be grounded to that metal. Alternatively, the LM35 can be mounted inside a sealed-end metal tube, and can then be dipped into a bath or screwed into a threaded hole in a tank. As with any IC, the LM35 and accompanying wiring and circuits must be kept insulated and dry, to avoid leakage and corrosion. This is especially true if the circuit may operate at cold temperatures where condensation can occur. Printed-circuit coatings and varnishes such as Humiseal and epoxy paints or dips are often used to insure that moisture cannot corrode the LM35 or its connections.

These devices are sometimes soldered to a small light-weight heat fin, to decrease the thermal time constant and speed up the response in slowly-moving air. On the other hand, a small thermal mass may be added to the sensor, to give the steadiest reading despite small deviations in the air temperature.

## Temperature Rise of LM35 Due To Self-heating (Thermal Resistance, $\theta_{JA}$)

| | TO-46, no heat sink | TO-46*, small heat fin | TO-92, no heat sink | TO-92**, small heat fin | SO-8 no heat sink | SO-8** small heat fin | TO-220 no heat sink |
|---|---|---|---|---|---|---|---|
| Still air | 400˚C/W | 100˚C/W | 180˚C/W | 140˚C/W | 220˚C/W | 110˚C/W | 90˚C/W |
| Moving air | 100˚C/W | 40˚C/W | 90˚C/W | 70˚C/W | 105˚C/W | 90˚C/W | 26˚C/W |
| Still oil | 100˚C/W | 40˚C/W | 90˚C/W | 70˚C/W | | | |
| Stirred oil | 50˚C/W | 30˚C/W | 45˚C/W | 40˚C/W | | | |
| (Clamped to metal, Infinite heat sink) | (24˚C/W) | | | | (55˚C/W) | | |

*Wakefield type 201, or 1" disc of 0.020" sheet brass, soldered to case, or similar.

**TO-92 and SO-8 packages glued and leads soldered to 1" square of 1/16" printed circuit board with 2 oz. foil or similar.

## Typical Applications

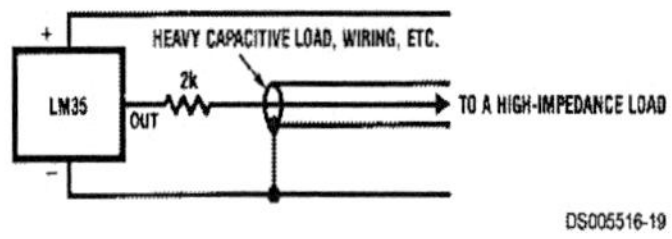


FIGURE 3. LM35 with Decoupling from Capacitive Load

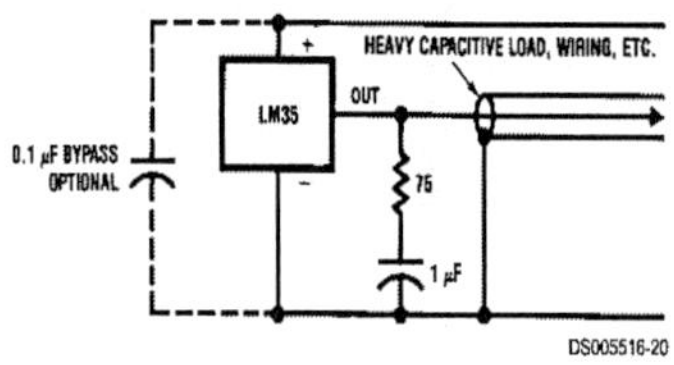


FIGURE 4. LM35 with R-C Damper

### CAPACITIVE LOADS

Like most micropower circuits, the LM35 has a limited ability to drive heavy capacitive loads. The LM35 by itself is able to drive 50 pf without special precautions. If heavier loads are anticipated, it is easy to isolate or decouple the load with a resistor; see *Figure 3*. Or you can improve the tolerance of capacitance with a series R-C damper from output to ground; see *Figure 4*.

When the LM35 is applied with a 200Ω load resistor as shown in *Figure 5*, *Figure 6* or *Figure 8* it is relatively immune to wiring capacitance because the capacitance forms a by-pass from ground to input, not on the output. However, as with any linear circuit connected to wires in a hostile environment, its performance can be affected adversely by intense electromagnetic sources such as relays, radio transmitters, motors with arcing brushes, SCR transients, etc, as its wiring can act as a receiving antenna and its internal junctions can act as rectifiers. For best results in such cases, a bypass capacitor from $V_{IN}$ to ground and a series R-C damper such as 75Ω in series with 0.2 or 1 μF from output to ground are often useful. These are shown in *Figure 13*, *Figure 14*, and *Figure 16*.

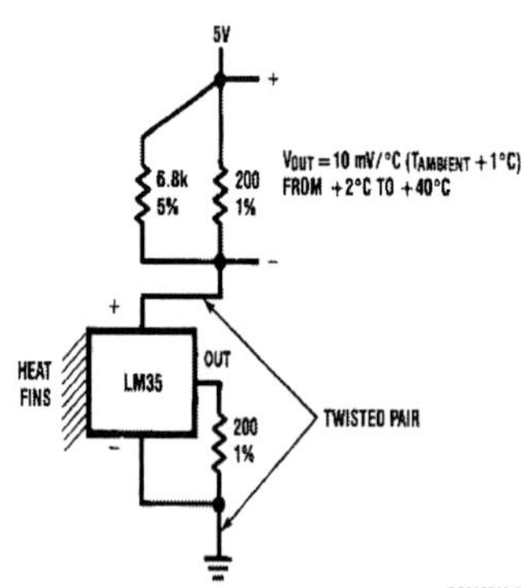


FIGURE 5. Two-Wire Remote Temperature Sensor (Grounded Sensor)

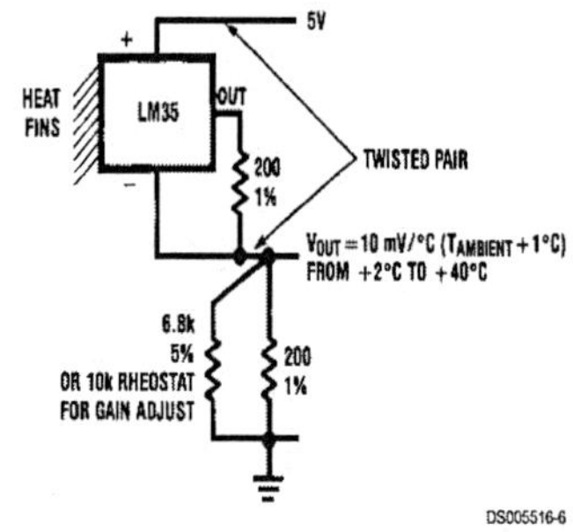


FIGURE 6. Two-Wire Remote Temperature Sensor (Output Referred to Ground)

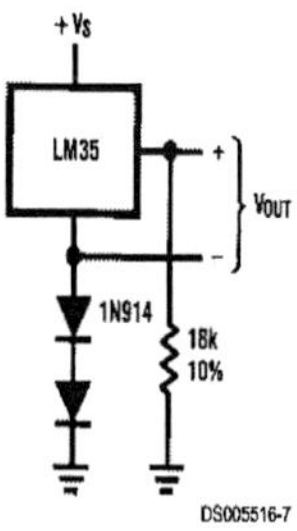


FIGURE 7. Temperature Sensor, Single Supply, -55° to +150°C

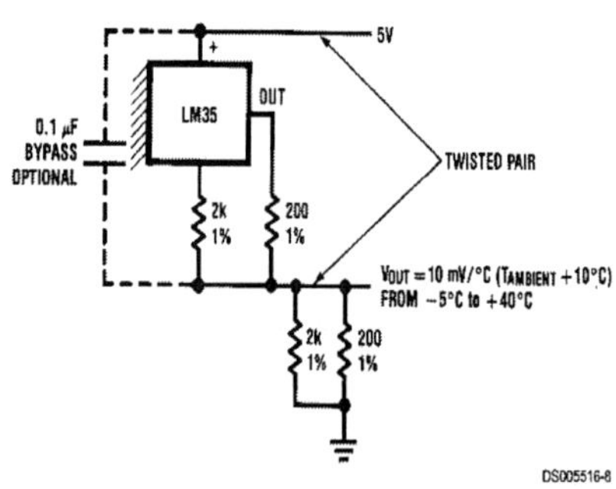


FIGURE 8. Two-Wire Remote Temperature Sensor (Output Referred to Ground)

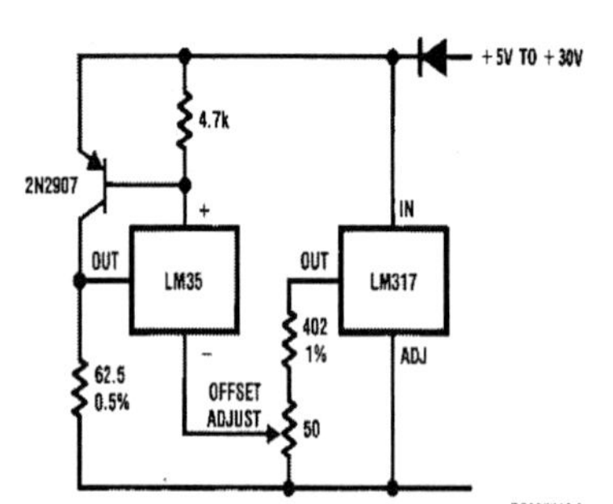


FIGURE 9. 4-To-20 mA Current Source (0°C to +100°C)

## Typical Applications (Continued)

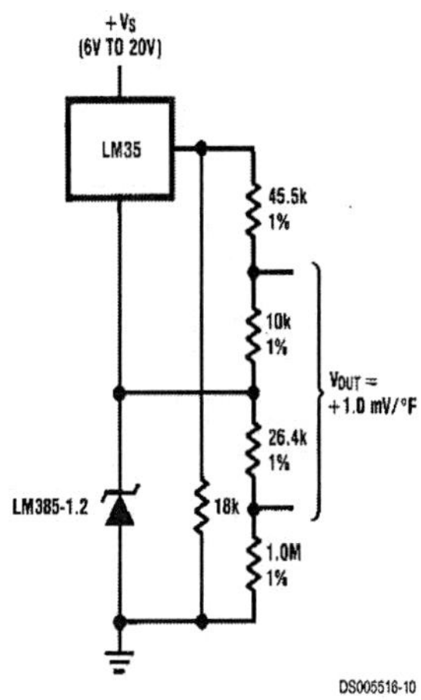


FIGURE 10. Fahrenheit Thermometer

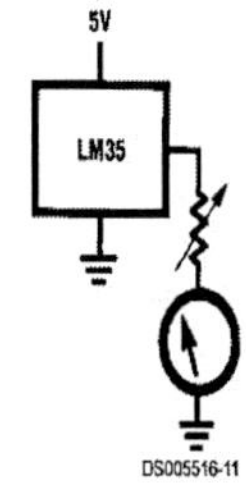


FIGURE 11. Centigrade Thermometer (Analog Meter)

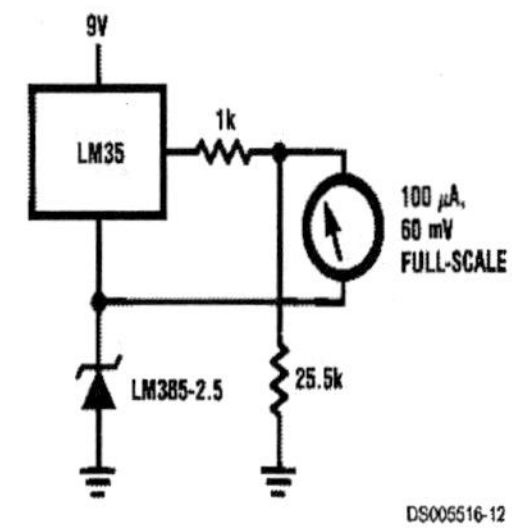


FIGURE 12. Fahrenheit ThermometerExpanded Scale Thermometer
(50° to 80° Fahrenheit, for Example Shown)

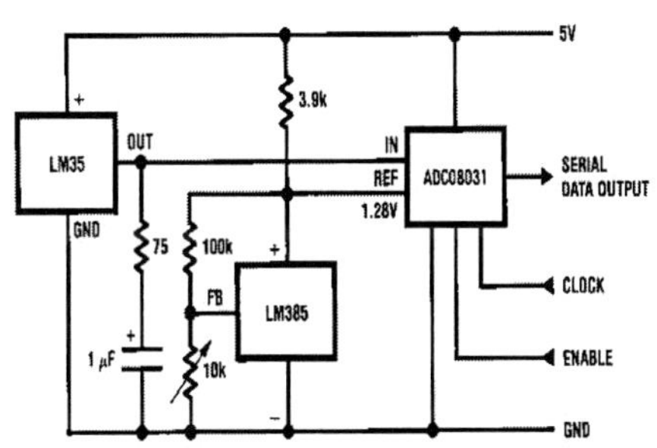


FIGURE 13. Temperature To Digital Converter (Serial Output) (+128°C Full Scale)

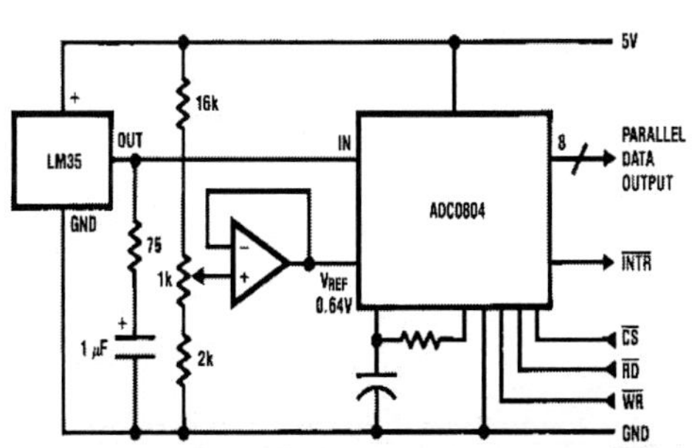


FIGURE 14. Temperature To Digital Converter (Parallel TRI-STATE™ Outputs for Standard Data Bus to μP Interface) (128°C Full Scale)

## Typical Applications (Continued)

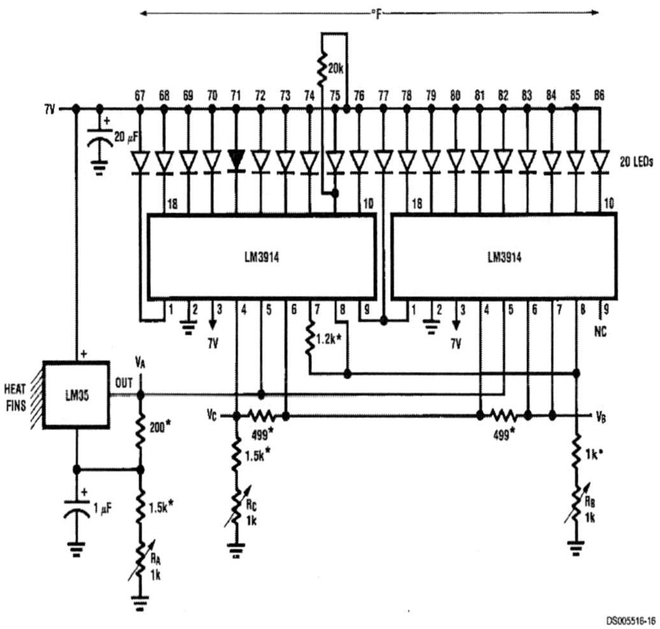


*=1% or 2% film resistor
Trim $R_B$ for $V_B$=3.075V
Trim $R_C$ for $V_C$=1.955V
Trim $R_A$ for $V_A$=0.075V + 100mV/°C x $T_{ambient}$
Example, $V_A$=2.275V at 22°C

**FIGURE 15. Bar-Graph Temperature Display (Dot Mode)**

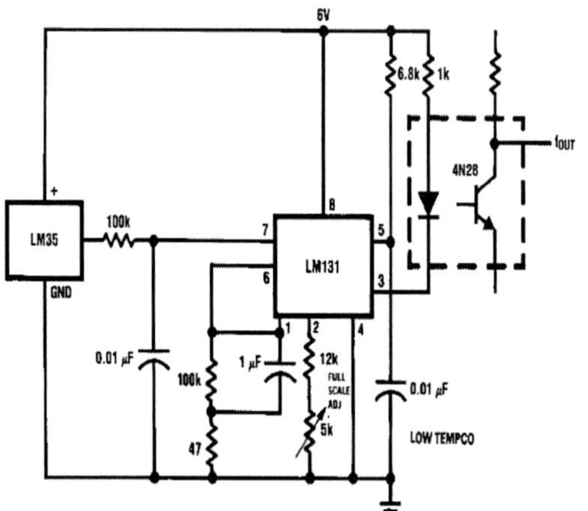


**FIGURE 16. LM35 With Voltage-To-Frequency Converter And Isolated Output (2°C to +150°C; 20 Hz to 1500 Hz)**

## Block Diagram

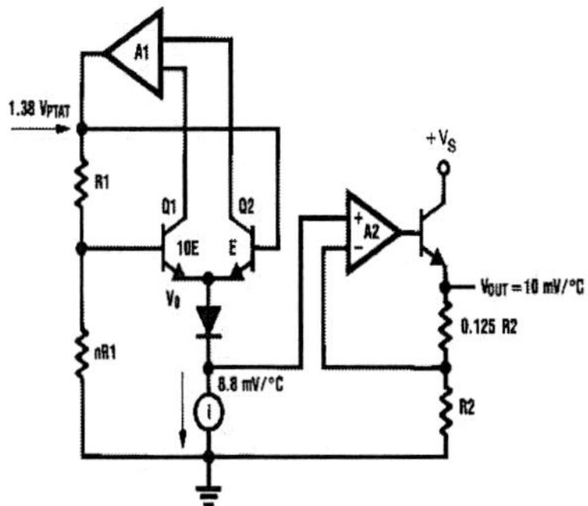


DS005516-23

## Physical Dimensions inches (millimeters) unless otherwise noted

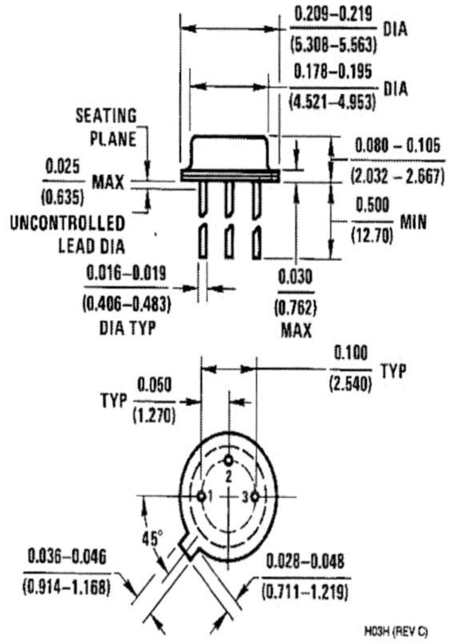


**TO-46 Metal Can Package (H)**
**Order Number LM35H, LM35AH, LM35CH, LM35CAH, or LM35DH**
**NS Package Number H03H**

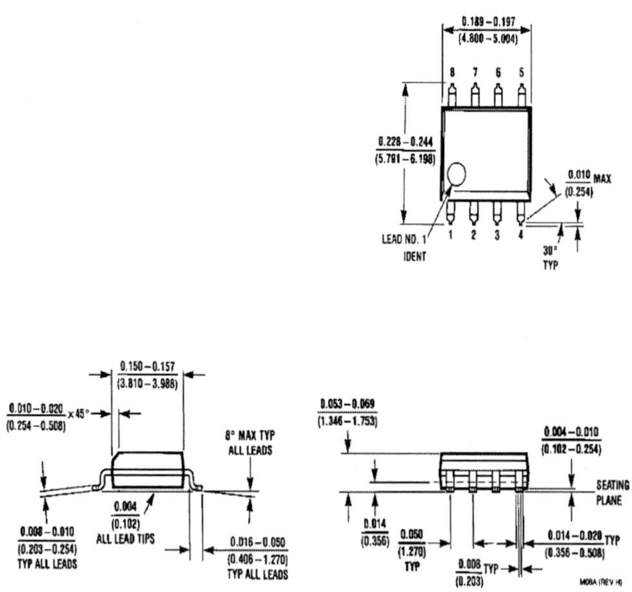


**SO-8 Molded Small Outline Package (M)**
**Order Number LM35DM**
**NS Package Number M08A**

## Physical Dimensions inches (millimeters) unless otherwise noted (Continued)

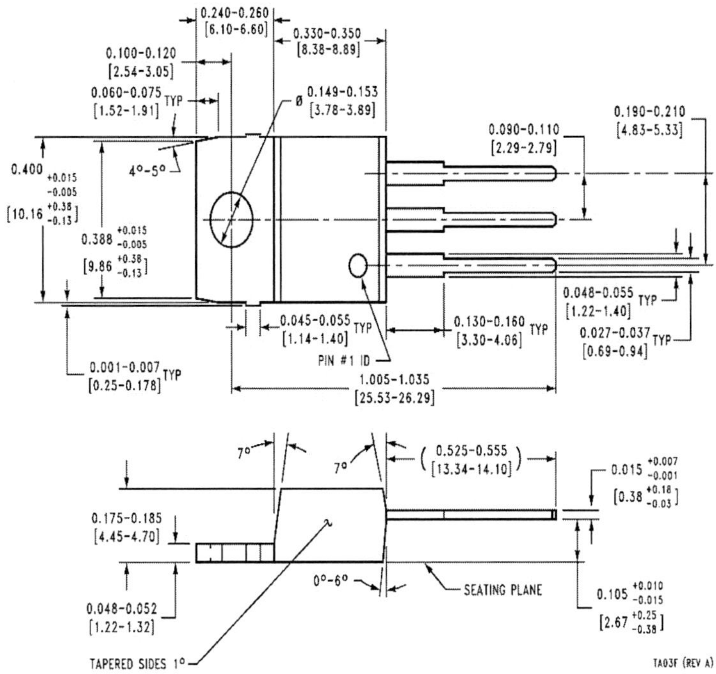


**Power Package TO-220 (T)**
**Order Number LM35DT**
**NS Package Number TA03F**

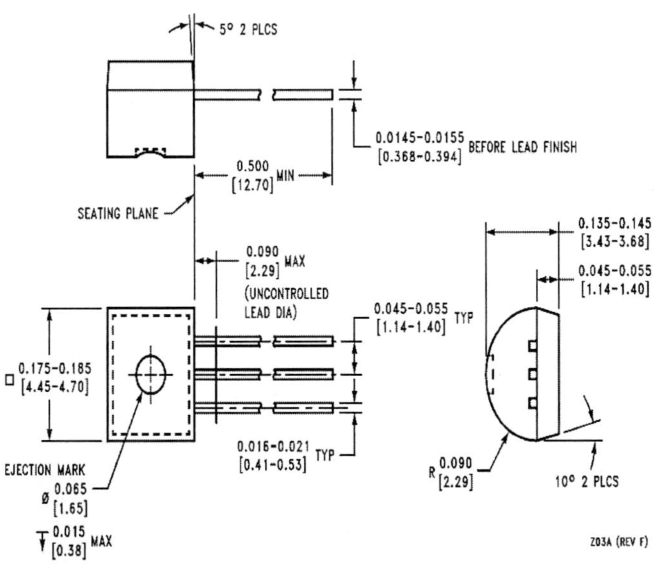


**TO-92 Plastic Package (Z)**
**Order Number LM35CZ, LM35CAZ or LM35DZ**
**NS Package Number Z03A**

**测试条件：(Measuring Conditions:)**

1、亮电阻，
用400~600Lux光照射2小时后，在标准A光源(色温2854K)下用10Lux和100Lux光测量。
2、暗电阻，
关闭10Lux光照后第10秒的电阻值。
3、$\gamma$ 值，
表示电阻的变化与入射光线变化之间的关系，可由下式计算:

$$\gamma = \frac{\lg(R10/R100)}{\lg(100/10)} = \lg(R10/R100)$$

R10、R100分别为10Lux、100Lux照度下的电阻值。$\gamma$ 的公差为±0.1。
4、最大功率损耗，
环境温度为25℃时的最大功率。
5、最大外加电压，
在黑暗中可连续施加给元件的最大电压。

1、Light resistance:
Measured at 10 Lux with standard light A (2854K color temperature) and 2hr illumination at 400-600 lux prior testing.
2、Dark Resistance:
Measured 10 seconds after closed 10 lux.
3、Gamma Characteristic:
The relation between the rate of change of resistance and the variation of incident ray may be calculated through the formula noted below:

$$\gamma = \frac{\lg(R10/R100)}{\lg(100/10)} = \lg(R10/R100)$$

R10、R100 Cell resistance at 10 lux and 100 lux, The error of $\gamma$ is ±0. 1.
4、Pmax:
Max.Power dissipation at ambient temperature of 25℃.
5、Vmax:
Max.Voltage in darkness that may be applied to the cell continuously.

**规格：Specification**

| 型号 model | 最大电压 Vmax (VDC) | 最大功耗 Pmax (mW) | 环境温度 Ambient Temp (℃) | 光谱峰值 Spectral Peak (nm) | 亮电阻 Photo Resistance (KΩ) R10 | R100 | 暗电阻 Dark Resistance (MΩ) | $\gamma_{10}^{100}$ | 响应时间 Response Time (ms) 上升 Rise Time | 下降 Decay Time | 照度电阻特性 Illuminance Vs Photo Resistance |
|---|---|---|---|---|---|---|---|---|---|---|---|
| GL5516 | 150 | 100 | −30~+70 | 540 | 5~10 | ≤2 | 0.2 | 0.6 | 30 | 30 | 2 |
| GL5528 | 150 | 100 | −30~+70 | 540 | 10~20 | 2~4 | 1.0 | 0.7 | 20 | 30 | 3 |
| GL5537 | 150 | 100 | −30~+70 | 540 | 20~50 | 4~10 | 2.0 | 0.7 | 20 | 30 | 4 |
| GL5539 | 150 | 100 | −30~+70 | 540 | 50~90 | 10~15 | 5.0 | 0.8 | 20 | 30 | 5 |
| GL5549 | 150 | 100 | −30~+70 | 540 | 90~150 | 15~20 | 10.0 | 0.9 | 20 | 30 | 6 |
| GL5559 | 150 | 100 | −30~+70 | 540 | 150~300 | 20~60 | 20.0 | 0.9 | 20 | 30 | 6 |
| GL5616D | 150 | 100 | −30~+70 | 560 | 5~10 | ≤2 | 1.0 | 0.6 | 30 | 30 | 2 |
| GL5626D | 150 | 100 | −30~+70 | 560 | 10~20 | 2~4 | 2.0 | 0.6 | 20 | 30 | 3 |
| GL5637D | 150 | 100 | −30~+70 | 560 | 20~50 | 4~10 | 5.0 | 0.7 | 20 | 30 | 4 |
| GL5639D | 150 | 100 | −30~+70 | 560 | 50~90 | 10~15 | 10.0 | 0.8 | 20 | 30 | 5 |
| GL5649D | 150 | 100 | −30~+70 | 560 | 90~150 | 15~20 | 20.0 | 0.9 | 20 | 30 | 6 |
| GL5659D | 150 | 100 | −30~+70 | 560 | 150~300 | 20~60 | 20.0 | 0.9 | 20 | 30 | 6 |

# SRF05 - Ultra-Sonic Ranger

**Technical Specification**

**Introduction**

The SRF05 is an evolutionary step from the SRF04, and has been designed to increase flexibility, increase range, and to reduce costs still further. As such, the SRF05 is fully compatible with the SRF04. Range is increased from 3 meters to 4 meters. A new operating mode (tying the mode pin to ground) allows the SRF05 to use a single pin for both trigger and echo, thereby saving valuable pins on your controller. When the mode pin is left unconnected, the SRF05 operates with separate trigger and echo pins, like the SRF04. The SRF05 includes a small delay before the echo pulse to give slower controllers such as the Basic Stamp and Picaxe time to execute their pulse in commands.

**Mode 1 - SRF04 compatible - Separate Trigger and Echo**

This mode uses separate trigger and echo pins, and is the simplest mode to use. All code examples for the SRF04 will work for the SRF05 in this mode. To use this mode, just leave the mode pin unconnected - the SRF05 has an internal pull up resistor on this pin.

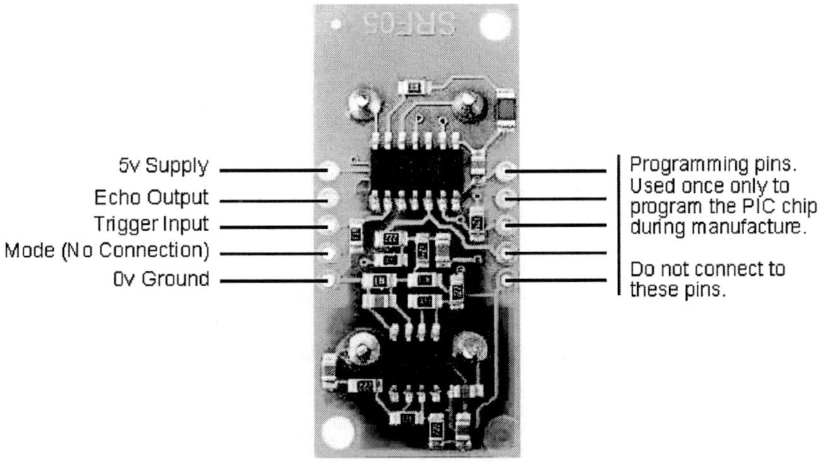


Connections for 2-pin Trigger/Echo Mode (SRF04 compatible)

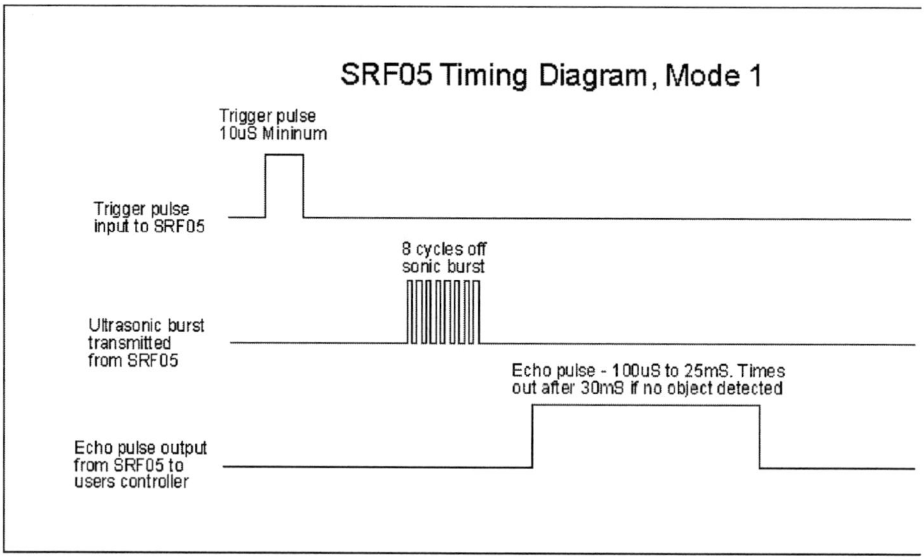


**Mode 2 - Single pin for both Trigger and Echo**

This mode uses a single pin for both Trigger and Echo signals, and is designed to save valuable pins on embedded controllers. To use this mode, connect the mode pin to the 0v Ground pin. The echo signal will appear on the same pin as the trigger signal. The SRF05 will not raise the echo line until 700uS after the end of the trigger signal. You have that long to turn the trigger pin around and make it an input and to have your pulse measuring code ready. The PULSIN command found on many popular controllers does this automatically.

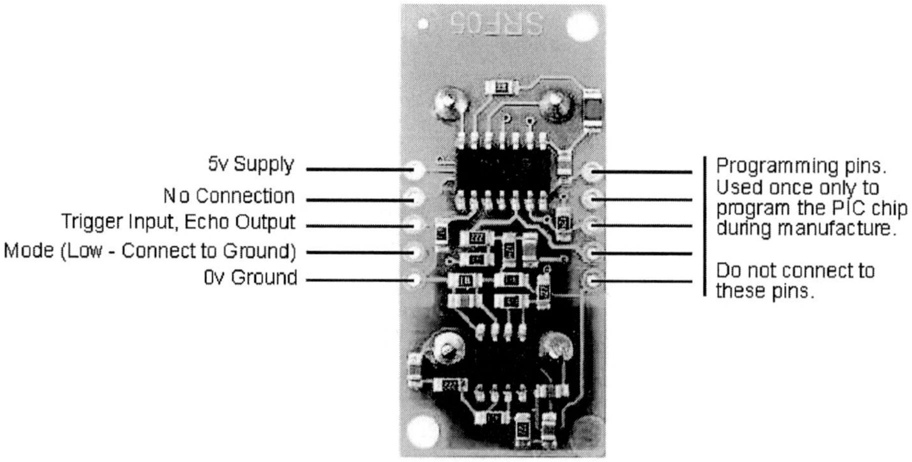


Connections for single pin Trigger/Echo Mode

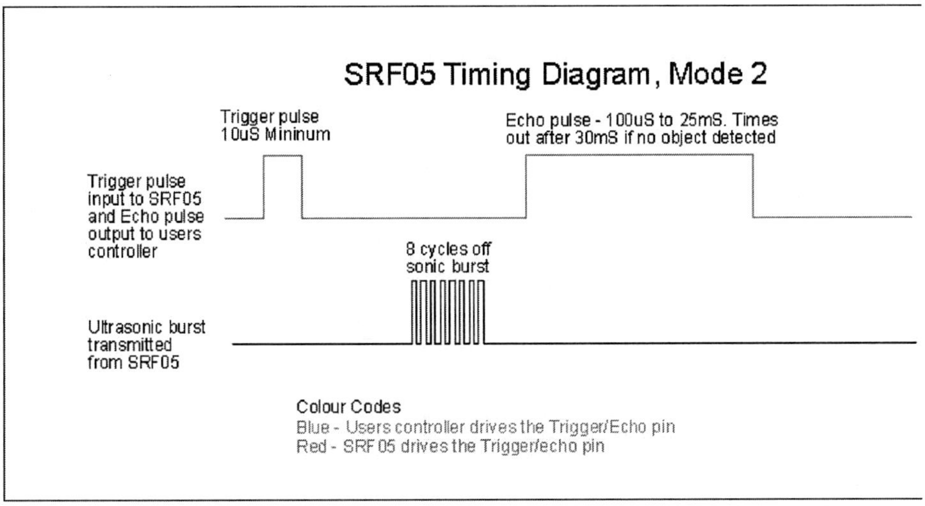


To use mode 2 with the Basic Stamp BS2, you simply use PULSOUT and PULSIN on the same pin, like this:

```
SRF05 PIN 15                ' use any pin for both trigger and echo
Range VAR Word              ' define the 16 bit range variable

SRF05 = 0                   ' start with pin low
PULSOUT SRF05, 5            ' issue 10uS trigger pulse (5 x 2uS)
PULSIN SRF05, 1, Range      ' measure echo time
Range = Range/29            ' convert to cm (divide by 74 for inches)
```

**Calculating the Distance**

The SRF05 Timing diagrams are shown above for each mode. You only need to supply a short 10uS pulse to the trigger input to start the ranging. The SRF05 will send out an 8 cycle burst of ultrasound at 40khz and raise its echo line high (or trigger line in mode 2). It then listens for an echo, and as soon as it detects one it lowers the echo line again. The echo line is therefore a pulse whose width is proportional to the distance to the object. By timing the pulse it is possible to calculate the range in inches/centimeters or anything else. If nothing is detected then the SRF05 will lower its echo line anyway after about 30mS.

The SRF04 provides an echo pulse proportional to distance. If the width of the pulse is measured in uS, then dividing by 58 will give you the distance in cm, or dividing by 148 will give the distance in inches. uS/58=cm or uS/148=inches.

The SRF05 can be triggered as fast as every 50mS, or 20 times each second. You should wait 50ms before the next trigger, even if the SRF05 detects a close object and the echo pulse is shorter. This is to ensure the ultrasonic "beep" has faded away and will not cause a false echo on the next ranging.

**The other set of 5 pins**

The 5 pins marked "programming pins" are used once only during manufacture to program the Flash memory on the PIC16F630 chip. The PIC16F630's programming pins are also used for other functions on the SRF05, so make sure you don't connect anything to these pins, or you will disrupt the modules operation.

**Changing beam pattern and beam width**

You can't! This is a question which crops up regularly, however there is no easy way to reduce or change the beam width that I'm aware of. The beam pattern of the SRF05 is conical with the width of the beam being a function of the surface area of the transducers and is fixed. The beam pattern of the transducers used on the SRF05, taken from the manufacturers data sheet, is shown below.

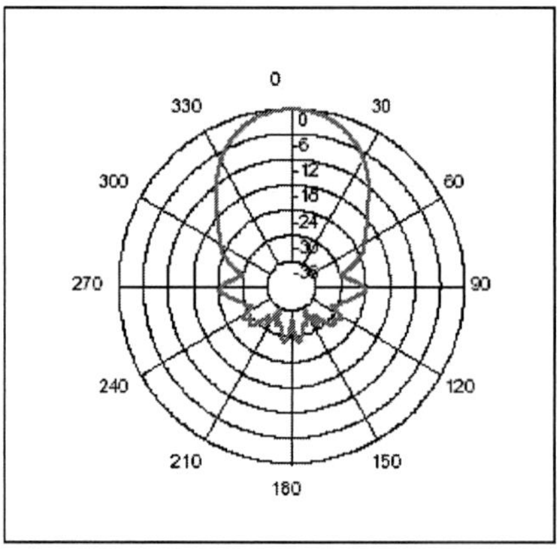


There is more information in the sonar faq.

# TL081, TL081A, TL081B, TL082, TL082A, TL082B
# TL082Y, TL084, TL084A, TL084B, TL084Y
# JFET-INPUT OPERATIONAL AMPLIFIERS

SLOS081C – FEBRUARY 1977 – REVISED SEPTEMBER 1996

## 24 DEVICES COVER COMMERCIAL, INDUSTRIAL, AND MILITARY TEMPERATURE RANGES

- **Low Power Consumption**
- **Wide Common-Mode and Differential Voltage Ranges**
- **Low Input Bias and Offset Currents**
- **Output Short-Circuit Protection**
- **Low Total Harmonic Distortion . . . 0.003% Typ**
- **High Input Impedance . . . JFET-Input Stage**
- **Latch-Up-Free Operation**
- **High Slew Rate . . . 13 V/μs Typ**
- **Common-Mode Input Voltage Range Includes $V_{CC+}$**

## description

The TL08x JFET-input operational amplifier family is designed to offer a wider selection than any previously developed operational amplifier family. Each of these JFET-input operational amplifiers incorporates well-matched, high-voltage JFET and bipolar transistors in a monolithic integrated circuit. The devices feature high slew rates, low input bias and offset currents, and low offset voltage temperature coefficient. Offset adjustment and external compensation options are available within the TL08x family.

The C-suffix devices are characterized for operation from 0°C to 70°C. The I-suffix devices are characterized for operation from −40°C to 85°C. The M-suffix devices are characterized for operation over the full military temperature range of −55°C to 125°C.

## symbols

TL081

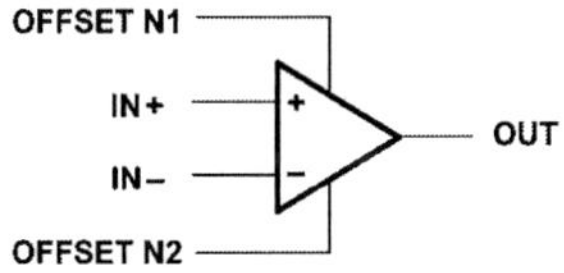


TL082 (EACH AMPLIFIER)
TL084 (EACH AMPLIFIER)

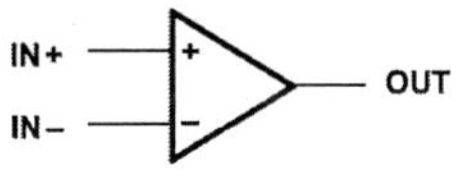


Please be aware that an important notice concerning availability, standard warranty, and use in critical applications of Texas Instruments semiconductor products and disclaimers thereto appears at the end of this data sheet.

# TL081, TL081A, TL081B, TL082, TL082A, TL082B TL082Y, TL084, TL084A, TL084B, TL084Y JFET-INPUT OPERATIONAL AMPLIFIERS

SLOS081C – FEBRUARY 1977 – REVISED SEPTEMBER 1996

**TL081, TL081A, TL081B**
**U PACKAGE**
**(TOP VIEW)**

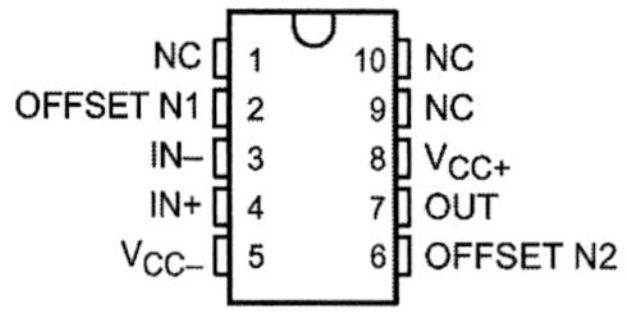


**TL082, TL082A, TL082B**
**U PACKAGE**
**(TOP VIEW)**

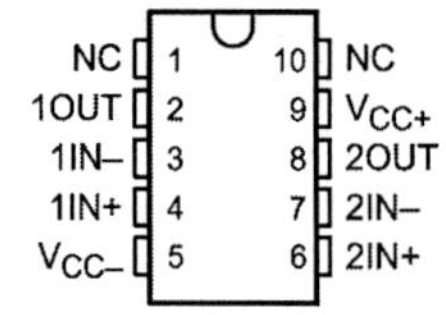


**TL081, TL081A, TL081B**
**D, JG, P, OR PW PACKAGE**
**(TOP VIEW)**

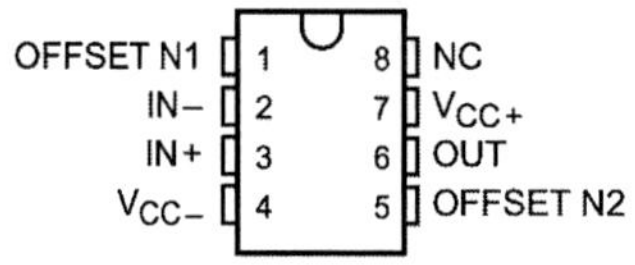


**TL082, TL082A, TL082B**
**D, JG, P, OR PW PACKAGE**
**(TOP VIEW)**

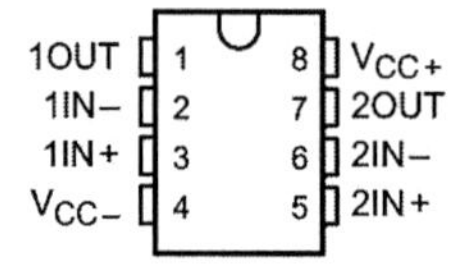


**TL081M . . . FK PACKAGE**
**(TOP VIEW)**

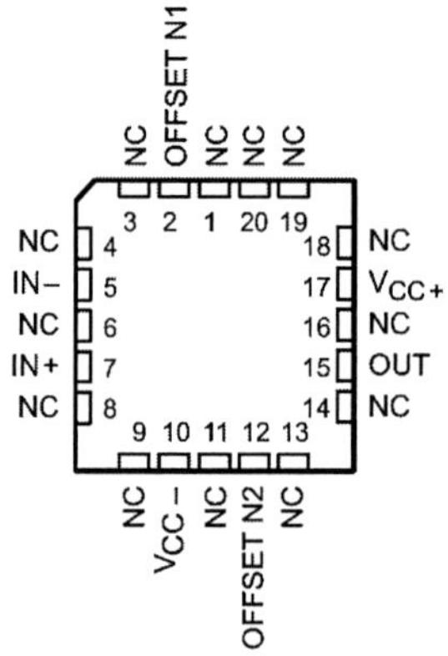


**TL082M . . . FK PACKAGE**
**(TOP VIEW)**

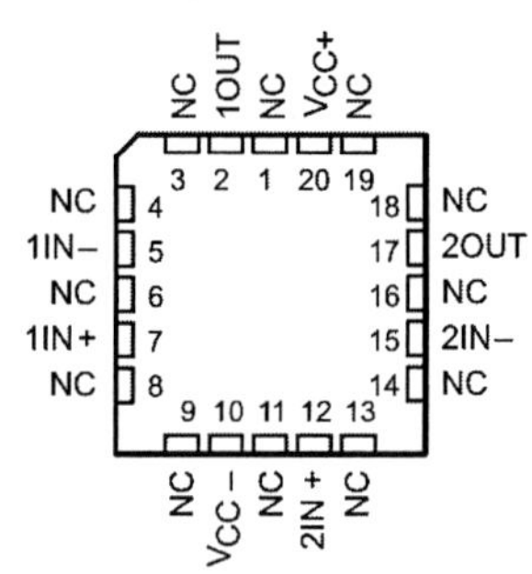


**TL084, TL084A, TL084B**
**D, J, N, PW, OR W PACKAGE**
**(TOP VIEW)**

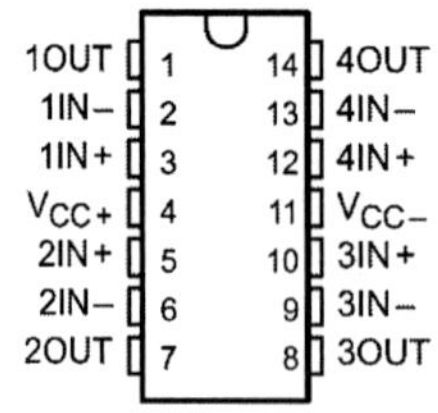


**TL084M . . . FK PACKAGE**
**(TOP VIEW)**

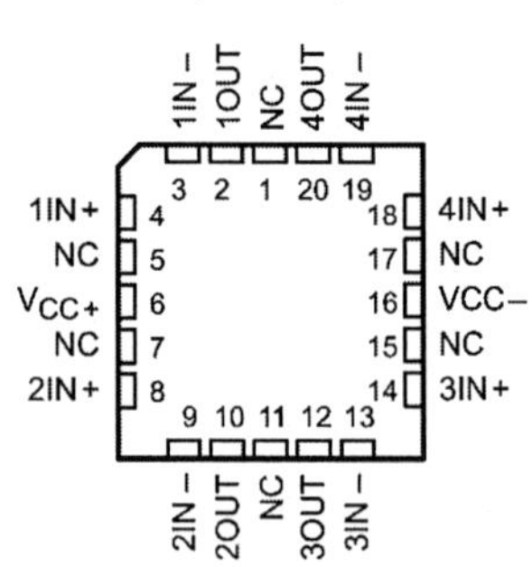


NC – No internal connection

**AVAILABLE OPTIONS**

| $T_A$ | $V_{IO}$max AT 25°C | PACKAGED DEVICES | | | | | | | | | | CHIP FORM (Y) |
|---|---|---|---|---|---|---|---|---|---|---|---|---|
| | | SMALL OUTLINE (D008) | SMALL OUTLINE (D014) | CHIP CARRIER (FK) | CERAMIC DIP (J) | CERAMIC DIP (JG) | PLASTIC DIP (N) | PLASTIC DIP (P) | TSSOP (PW) | FLAT PACK (U) | FLAT PACK (W) | |
| 0°C to 70°C | 15 mV<br>6 mV<br>3 mV | TL081CD<br>TL081ACD<br>TL081BCD | — | — | — | — | — | TL081CP<br>TL081ACP<br>TL081BCP | TL081CPW | — | — | — |
| | 15 mV<br>6 mV<br>3 mV | TL082CD<br>TL082ACD<br>TL082BCD | — | — | — | — | — | TL082CP<br>TL082ACP<br>TL082BCP | TL082CPW | — | — | TL082Y |
| | 15 mV<br>6 mV<br>3 mV | — | TL084CD<br>TL084ACD<br>TL084BCD | — | — | — | TL084CN<br>TL084ACN<br>TL084BCN | — | TL084CPW | — | — | TL084Y |
| −40°C to 85°C | 6 mV<br>6 mV<br>6 mV | TL081ID<br>TL082ID<br>TL084ID | TL084ID | — | — | — | TL084IN | TL081IP<br>TL082IP | — | — | — | — |
| −55°C to 125°C | 6 mV<br>6 mV<br>9 mV | — | — | TL081MFK<br>TL082MFK<br>TL084MFK | TL084MJ | TL081MJG<br>TL082MJG | — | — | — | TL081MU<br>TL082MU | TL084MW | — |

The D package is available taped and reeled. Add R suffix to the device type (e.g., TL081CDR).

**TL081, TL081A, TL081B, TL082, TL082A, TL082B**
**TL082Y, TL084, TL084A, TL084B, TL084Y**
**JFET-INPUT OPERATIONAL AMPLIFIERS**
SLOS081C – FEBRUARY 1977 – REVISED SEPTEMBER 1996

### schematic (each amplifier)

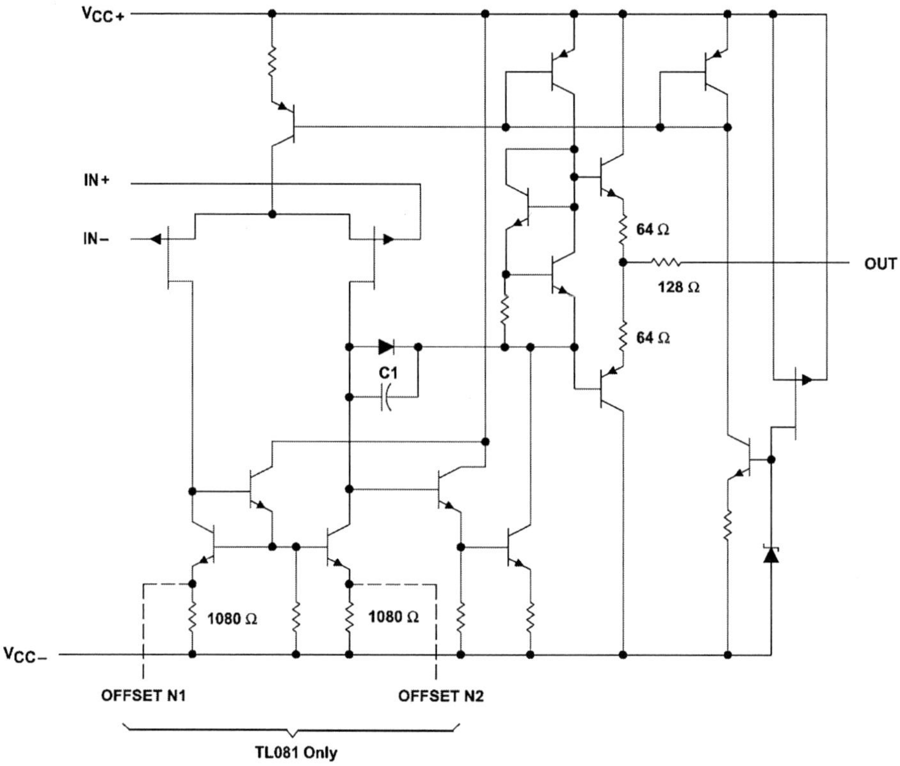


Component values shown are nominal.

## TL082Y chip information

These chips, when properly assembled, display characteristics similar to the TL082. Thermal compression or ultrasonic bonding may be used on the doped-aluminum bonding pads. Chips may be mounted with conductive epoxy or a gold-silicon preform.

BONDING PAD ASSIGNMENTS

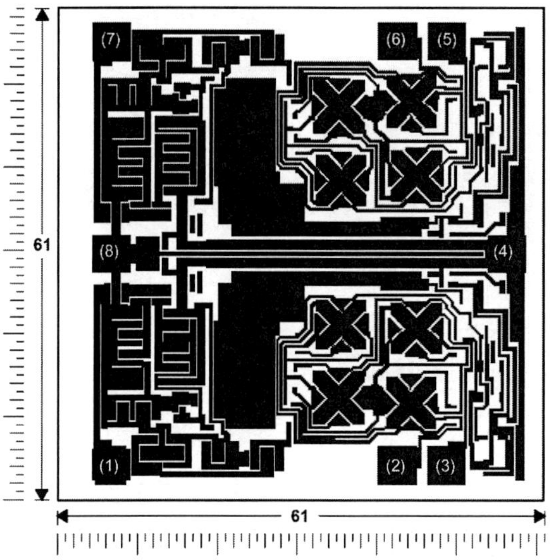


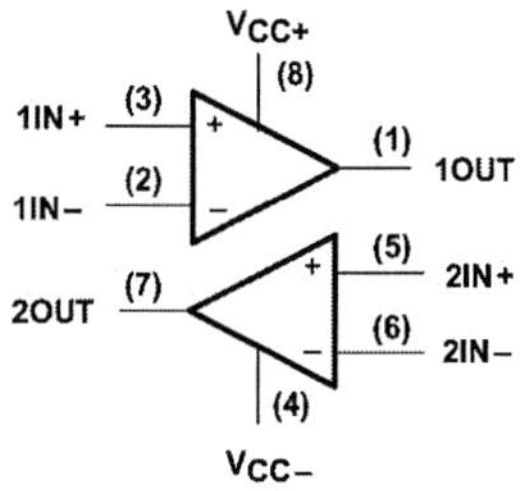


CHIP THICKNESS: 15 TYPICAL

BONDING PADS: 4 × 4 MINIMUM

$T_J$max = 150°C

TOLERANCES ARE ±10%.

ALL DIMENSIONS ARE IN MILS.

PIN (4) IS INTERNALLY CONNECTED TO BACKSIDE OF CHIP.

## TL081, TL081A, TL081B, TL082, TL082A, TL082B TL082Y, TL084, TL084A, TL084B, TL084Y JFET-INPUT OPERATIONAL AMPLIFIERS

SLOS081C – FEBRUARY 1977 – REVISED SEPTEMBER 1996

### TL084Y chip information

These chips, when properly assembled, display characteristics similar to the TL084. Thermal compression or ultrasonic bonding may be used on the doped-aluminum bonding pads. Chips may be mounted with conductive epoxy or a gold-silicon preform.

**BONDING PAD ASSIGNMENTS**

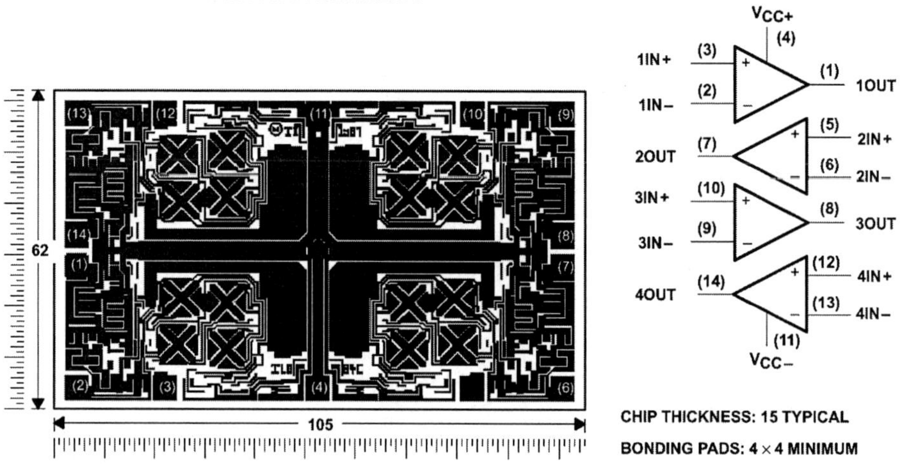


CHIP THICKNESS: 15 TYPICAL

BONDING PADS: 4 × 4 MINIMUM

$T_J$max = 150°C

TOLERANCES ARE ±10%.

ALL DIMENSIONS ARE IN MILS.

PIN (11) IS INTERNALLY CONNECTED TO BACKSIDE OF CHIP.

## absolute maximum ratings over operating free-air temperature range (unless otherwise noted)†

| | | TL08_C<br>TL08_AC<br>TL08_BC | TL08_I | TL08_M | UNIT |
|---|---|---|---|---|---|
| Supply voltage, $V_{CC+}$ (see Note 1) | | 18 | 18 | 18 | V |
| Supply voltage $V_{CC-}$ (see Note 1) | | −18 | −18 | −18 | V |
| Differential input voltage, $V_{ID}$ (see Note 2) | | ±30 | ±30 | ±30 | V |
| Input voltage, $V_I$ (see Notes 1 and 3) | | ±15 | ±15 | ±15 | V |
| Duration of output short circuit (see Note 4) | | unlimited | unlimited | unlimited | |
| Continuous total power dissipation | | See Dissipation Rating Table | | | |
| Operating free-air temperature range, $T_A$ | | 0 to 70 | – 40 to 85 | – 55 to 125 | °C |
| Storage temperature range, $T_{stg}$ | | – 65 to 150 | – 65 to 150 | – 65 to 150 | °C |
| Case temperature for 60 seconds, $T_C$ | FK package | | | 260 | °C |
| Lead temperature 1,6 mm (1/16 inch) from case for 60 seconds | J or JG package | | | 300 | °C |
| Lead temperature 1,6 mm (1/16 inch) from case for 10 seconds | D, N, P, or PW package | 260 | 260 | | °C |

† Stresses beyond those listed under "absolute maximum ratings" may cause permanent damage to the device. These are stress ratings only, and functional operation of the device at these or any other conditions beyond those indicated under "recommended operating conditions" is not implied. Exposure to absolute-maximum-rated conditions for extended periods may affect device reliability.

NOTES: 1. All voltage values, except differential voltages, are with respect to the midpoint between $V_{CC+}$ and $V_{CC-}$.
2. Differential voltages are at IN+ with respect to IN−.
3. The magnitude of the input voltage must never exceed the magnitude of the supply voltage or 15 V, whichever is less.
4. The output may be shorted to ground or to either supply. Temperature and/or supply voltages must be limited to ensure that the dissipation rating is not exceeded.

**DISSIPATION RATING TABLE**

| PACKAGE | $T_A \le 25°C$ POWER RATING | DERATING FACTOR | DERATE ABOVE $T_A$ | $T_A = 70°C$ POWER RATING | $T_A = 85°C$ POWER RATING | $T_A = 125°C$ POWER RATING |
|---|---|---|---|---|---|---|
| D (8 pin) | 680 mW | 5.8 mW/°C | 32°C | 460 mW | 373 mW | N/A |
| D (14 pin) | 680 mW | 7.6 mW/°C | 60°C | 604 mW | 490 mW | N/A |
| FK | 680 mW | 11.0 mW/°C | 88°C | 680 mW | 680 mW | 273 mW |
| J | 680 mW | 11.0 mW/°C | 88°C | 680 mW | 680 mW | 273 mW |
| JG | 680 mW | 8.4 mW/°C | 69°C | 672 mW | 546 mW | 210 mW |
| N | 680 mW | 9.2 mW/°C | 76°C | 680 mW | 597 mW | N/A |
| P | 680 mW | 8.0 mW/°C | 65°C | 640 mW | 520 mW | N/A |
| PW (8 pin) | 525 mW | 4.2 mW/°C | 25°C | 336 mW | N/A | N/A |
| PW (14 pin) | 700 mW | 5.6 mW/°C | 25°C | 448 mW | N/A | N/A |
| U | 675 mW | 5.4 mW/°C | 25°C | 432 mW | 351 mW | 135 mW |
| W | 680 mW | 8.0 mW/°C | 65°C | 640 mW | 520 mW | 200 mW |

Template Release Date: 7–11–94

# TL081, TL081A, TL081B, TL082, TL082A, TL082B TL082Y, TL084, TL084A, TL084B, TL084Y JFET-INPUT OPERATIONAL AMPLIFIERS

SLOS081C – FEBRUARY 1977 – REVISED SEPTEMBER 1996

## electrical characteristics, $V_{CC\pm} = \pm 15$ V (unless otherwise noted)

| | PARAMETER | TEST CONDITIONS | $T_A$† | TL081C TL082C TL084C | | | TL081AC TL082AC TL084AC | | | TL081BC TL082BC TL084BC | | | TL081I TL082I TL084I | | | UNIT |
|---|---|---|---|---|---|---|---|---|---|---|---|---|---|---|---|---|
| | | | | MIN | TYP | MAX | MIN | TYP | MAX | MIN | TYP | MAX | MIN | TYP | MAX | |
| $V_{IO}$ | Input offset voltage | $V_O = 0$, $R_S = 50\ \Omega$ | 25°C | | 3 | 15 | | 3 | 6 | | 2 | 3 | | 3 | 6 | mV |
| | | | Full range | | | 20 | | | 7.5 | | | 5 | | | 9 | |
| $\alpha V_{IO}$ | Temperature coefficient of input offset voltage | $V_O = 0$, $R_S = 50\ \Omega$ | Full range | | 18 | | | 18 | | | 18 | | | 18 | | µV/°C |
| $I_{IO}$ | Input offset current‡ | $V_O = 0$ | 25°C | | 5 | 200 | | 5 | 100 | | 5 | 100 | | 5 | 100 | pA |
| | | | Full range | | | 2 | | | 2 | | | 2 | | | 10 | nA |
| $I_{IB}$ | Input bias current‡ | $V_O = 0$ | 25°C | | 30 | 400 | | 30 | 200 | | 30 | 200 | | 30 | 200 | pA |
| | | | Full range | | | 10 | | | 7 | | | 7 | | | 20 | nA |
| $V_{ICR}$ | Common-mode input voltage range | | 25°C | ±11 | −12 to 15 | | ±11 | −12 to 15 | | ±11 | −12 to 15 | | ±11 | −12 to 15 | | V |
| $V_{OM}$ | Maximum peak output voltage swing | $R_L = 10\ k\Omega$ | 25°C | ±12 | ±13.5 | | ±12 | ±13.5 | | ±12 | ±13.5 | | ±12 | ±13.5 | | V |
| | | $R_L \geq 10\ k\Omega$ | Full range | ±12 | | | ±12 | | | ±12 | | | ±12 | | | |
| | | $R_L \geq 2\ k\Omega$ | Full range | ±10 | ±12 | | ±10 | ±12 | | ±10 | ±12 | | ±10 | ±12 | | |
| $A_{VD}$ | Large-signal differential voltage amplification | $V_O = \pm 10$ V, $R_L \geq 2\ k\Omega$ | 25°C | 25 | 200 | | 50 | 200 | | 50 | 200 | | 50 | 200 | | V/mV |
| | | $V_O = \pm 10$ V, $R_L \geq 2\ k\Omega$ | Full range | 15 | | | 25 | | | 25 | | | 25 | | | |
| $B_1$ | Unity-gain bandwidth | | 25°C | | 3 | | | 3 | | | 3 | | | 3 | | MHz |
| $r_i$ | Input resistance | | 25°C | | $10^{12}$ | | | $10^{12}$ | | | $10^{12}$ | | | $10^{12}$ | | Ω |
| CMRR | Common-mode rejection ratio | $V_{IC} = V_{ICR}min$, $V_O = 0$, $R_S = 50\ \Omega$ | 25°C | 70 | 86 | | 75 | 86 | | 75 | 86 | | 75 | 86 | | dB |
| $k_{SVR}$ | Supply voltage rejection ratio ($\Delta V_{CC\pm}/\Delta V_{IO}$) | $V_{CC} = \pm 15$ V to $\pm 9$ V, $V_O = 0$, $R_S = 50\ \Omega$ | 25°C | 70 | 86 | | 80 | 86 | | 80 | 86 | | 80 | 86 | | dB |
| $I_{CC}$ | Supply current (per amplifier) | $V_O = 0$, No load | 25°C | | 1.4 | 2.8 | | 1.4 | 2.8 | | 1.4 | 2.8 | | 1.4 | 2.8 | mA |
| $V_{O1}/V_{O2}$ | Crosstalk attenuation | $A_{VD} = 100$ | 25°C | | 120 | | | 120 | | | 120 | | | 120 | | dB |

† All characteristics are measured under open-loop conditions with zero common-mode voltage unless otherwise specified. Full range for $T_A$ is 0°C to 70°C for TL08_C, TL08_AC, TL08_BC and −40°C to 85°C for TL08_I.

‡ Input bias currents of a FET-input operational amplifier are normal junction reverse currents, which are temperature sensitive as shown in Figure 17. Pulse techniques must be used that maintain the junction temperature as close to the ambient temperature as possible.

## electrical characteristics, $V_{CC\pm} = \pm15$ V (unless otherwise noted)

| PARAMETER | | TEST CONDITIONS† | $T_A$ | TL081M, TL082M MIN | TYP | MAX | TL084M MIN | TYP | MAX | UNIT |
|---|---|---|---|---|---|---|---|---|---|---|
| $V_{IO}$ | Input offset voltage | $V_O = 0$, $R_S = 50\ \Omega$ | 25°C | | 3 | 6 | | 3 | 9 | mV |
| | | | −55°C to 125°C | | | 9 | | | 15 | |
| $\alpha_{VIO}$ | Temperature coefficient of input offset voltage | $V_O = 0$, $R_S = 50\ \Omega$ | −55°C to 125°C | | 18 | | | 18 | | μV/°C |
| $I_{IO}$ | Input offset current‡ | $V_O = 0$ | 25°C | | 5 | 100 | | 5 | 100 | pA |
| | | | 125°C | | | 20 | | | 20 | nA |
| $I_{IB}$ | Input bias current‡ | $V_O = 0$ | 25°C | | 30 | 200 | | 30 | 200 | pA |
| | | | 125°C | | | 50 | | | 50 | nA |
| $V_{ICR}$ | Common-mode input voltage range | | 25°C | ±11 | ±12 to 15 | | ±11 | ±12 to 15 | | V |
| $V_{OM}$ | Maximum peak output voltage swing | $R_L = 10\ k\Omega$ | 25°C | ±12 | ±13.5 | | ±12 | ±13.5 | | V |
| | | $R_L \geq 10\ k\Omega$ | −55°C to 125°C | ±12 | | | ±12 | | | |
| | | $R_L \geq 2\ k\Omega$ | | ±10 | ±12 | | ±10 | ±12 | | |
| $A_{VD}$ | Large-signal differential voltage amplification | $V_O = \pm10$ V, $R_L \geq 2\ k\Omega$ | 25°C | 25 | 200 | | 25 | 200 | | V/mV |
| | | $V_O = \pm10$ V, $R_L \geq 2\ k\Omega$ | −55°C to 125°C | 15 | | | 15 | | | |
| $B_1$ | Unity-gain bandwidth | | 25°C | | 3 | | | 3 | | MHz |
| $r_i$ | Input resistance | | 25°C | | $10^{12}$ | | | $10^{12}$ | | Ω |
| CMRR | Common-mode rejection ratio | $V_{IC} = V_{ICR}min$, $V_O = 0$, $R_S = 50\ \Omega$ | 25°C | 80 | 86 | | 80 | 86 | | dB |
| $k_{SVR}$ | Supply voltage rejection ratio ($\Delta V_{CC\pm}/\Delta V_{IO}$) | $V_{CC} = \pm15$ V to $\pm9$ V, $V_O = 0$, $R_S = 50\ \Omega$ | 25°C | 80 | 86 | | 80 | 86 | | dB |
| $I_{CC}$ | Supply current (per amplifier) | $V_O = 0$, No load | 25°C | | 1.4 | 2.8 | | 1.4 | 2.8 | mA |
| $V_{O1}/V_{O2}$ | Crosstalk attenuation | $A_{VD} = 100$ | 25°C | | 120 | | | 120 | | dB |

† All characteristics are measured under open-loop conditions with zero common-mode input voltage unless otherwise specified.
‡ Input bias currents of a FET-input operational amplifier are normal junction reverse currents, which are temperature sensitive as shown in Figure 17. Pulse techniques must be used that maintain the junction temperatures as close to the ambient temperature as is possible.

## operating characteristics, $V_{CC\pm} = \pm15$ V, $T_A = 25°C$ (unless otherwise noted)

| PARAMETER | | TEST CONDITIONS | | MIN | TYP | MAX | UNIT |
|---|---|---|---|---|---|---|---|
| SR | Slew rate at unity gain | $V_I = 10$ V, $R_L = 2\ k\Omega$, $C_L = 100$ pF, See Figure 1 | | 8* | 13 | | V/μs |
| | | $V_I = 10$ V, $R_L = 2\ k\Omega$, $C_L = 100$ pF, $T_A = -55°C$ to 125°C, See Figure 1 | | 5* | | | |
| $t_r$ | Rise time | $V_I = 20$ mV, $R_L = 2\ k\Omega$, $C_L = 100$ pF, See Figure 1 | | | 0.05 | | μs |
| | Overshoot factor | | | | 20% | | |
| $V_n$ | Equivalent input noise voltage | $R_S = 20\ \Omega$ | f = 1 kHz | | 18 | | nV/√Hz |
| | | | f = 10 Hz to 10 kHz | | 4 | | μV |
| $I_n$ | Equivalent input noise current | $R_S = 20\ \Omega$, f = 1 kHz | | | 0.01 | | pA/√Hz |
| THD | Total harmonic distortion | $V_{O(rms)} = 10$ V, $R_S \leq 1\ k\Omega$, $R_L \geq 2\ k\Omega$, f = 1 kHz | | | 0.003% | | |

*On products compliant to MIL-PRF-38535, this parameter is not production tested.

# TL081, TL081A, TL081B, TL082, TL082A, TL082B TL082Y, TL084, TL084A, TL084B, TL084Y JFET-INPUT OPERATIONAL AMPLIFIERS

SLOS081C – FEBRUARY 1977 – REVISED SEPTEMBER 1996

## electrical characteristics, $V_{CC\pm} = \pm 15$ V, $T_A = 25°C$ (unless otherwise noted)

| PARAMETER | | TEST CONDITIONS† | | TL082Y, TL084Y | | | UNIT |
|---|---|---|---|---|---|---|---|
| | | | | MIN | TYP | MAX | |
| $V_{IO}$ | Input offset voltage | $V_O = 0$, | $R_S = 50\ \Omega$, | | 3 | 15 | mV |
| $\alpha_{VIO}$ | Temperature coefficient of input offset voltage | $V_O = 0$, | $R_S = 50\ \Omega$, | | 18 | | μV/°C |
| $I_{IO}$ | Input offset current‡ | $V_O = 0$, | | | 5 | 200 | pA |
| $I_{IB}$ | Input bias current‡ | $V_O = 0$, | | | 30 | 400 | pA |
| $V_{ICR}$ | Common-mode input voltage range | | | ±11 | −12 to 15 | | V |
| $V_{OM}$ | Maximum peak output voltage swing | $R_L = 10\ k\Omega$, | | ±12 | ±13.5 | | V |
| $A_{VD}$ | Large-signal differential voltage amplification | $V_O = \pm 10$ V, | $R_L \geq 2\ k\Omega$ | 25 | 200 | | V/mV |
| $B_1$ | Unity-gain bandwidth | | | | 3 | | MHz |
| $r_i$ | Input resistance | | | | $10^{12}$ | | Ω |
| CMRR | Common-mode rejection ratio | $V_{IC} = V_{ICR}min$, $R_S = 50\ \Omega$ | $V_O = 0$, | 70<br>70 | 86<br>86 | | dB<br>dB |
| $k_{SVR}$ | Supply voltage rejection ratio ($\Delta V_{CC\pm} / \Delta V_{IO}$) | $V_{CC} = \pm 15$ V to $\pm 9$ V, $V_O = 0$, | $R_S = 50\ \Omega$ | 70<br>70 | 86<br>86 | | dB<br>dB |
| $I_{CC}$ | Supply current (per amplifier) | $V_O = 0$, | No load | | 1.4 | 2.8 | mA |
| $V_{O1}/V_{O2}$ | Crosstalk attenuation | $A_{VD} = 100$ | | | 120 | | dB |

† All characteristics are measured under open-loop conditions with zero common-mode voltage unless otherwise specified.
‡ Input bias currents of a FET-input operational amplifier are normal junction reverse currents, which are temperature sensitive as shown in Figure 17. Pulse techniques must be used that maintain the junction temperature as close to the ambient temperature as possible.

## operating characteristics, $V_{CC\pm} = \pm 15$ V, $T_A = 25°C$

| PARAMETER | | TEST CONDITIONS | | | | MIN | TYP | MAX | UNIT |
|---|---|---|---|---|---|---|---|---|---|
| SR | Slew rate at unity gain | $V_I = 10$ V, | $R_L = 2\ k\Omega$, | $C_L = 100$ pF, | See Figure 1 | 8 | 13 | | V/μs |
| $t_r$ | Rise time | $V_I = 20$ mV, | $R_L = 2\ k\Omega$, | $C_L = 100$ pF, | See Figure 1 | | 0.05 | | μs |
| | Overshoot factor | | | | | | 20% | | |
| $V_n$ | Equivalent input noise voltage | $R_S = 20\ \Omega$ | f = 1 kHz | | | | 18 | | nV/√Hz |
| | | | f = 10 Hz to 10 kHz | | | | 4 | | μV |
| $I_n$ | Equivalent input noise current | $R_S = 20\ \Omega$, | f = 1 kHz | | | | 0.01 | | pA/√Hz |
| THD | Total harmonic distortion | $V_{O(rms)} = 10$ V, | $R_S \leq 1\ k\Omega$, | $R_L \geq 2\ k\Omega$, | f = 1 kHz | | 0.003% | | |

## PARAMETER MEASUREMENT INFORMATION

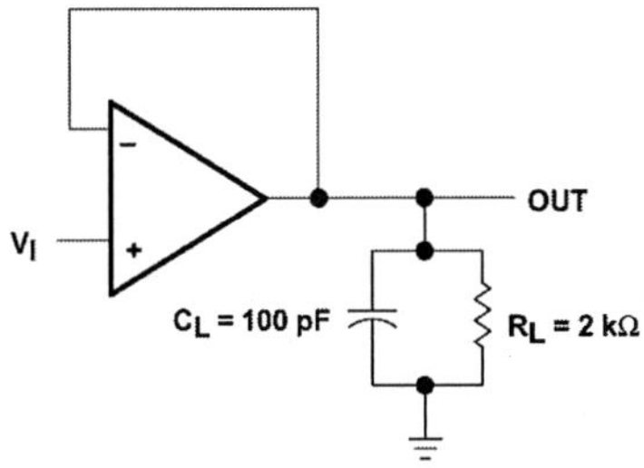


Figure 1

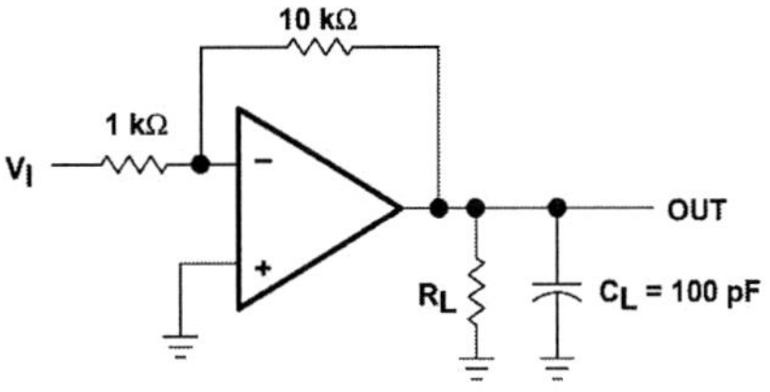


Figure 2

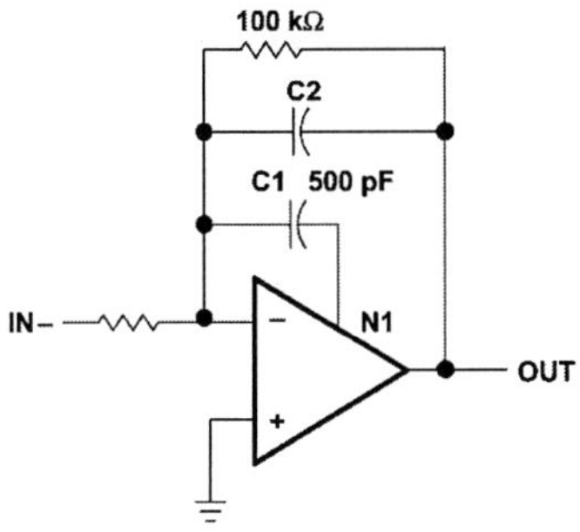


Figure 3

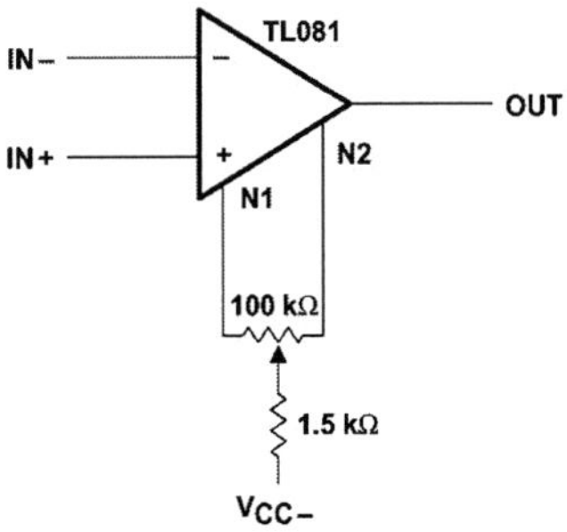


Figure 4

## TYPICAL CHARACTERISTICS

### Table of Graphs

| | | | FIGURE |
|---|---|---|---|
| $V_{OM}$ | Maximum peak output voltage | vs Frequency<br>vs Free-air temperature<br>vs Load resistance<br>vs Supply voltage | 5, 6, 7<br>8<br>9<br>10 |
| $A_{VD}$ | Large-signal differential voltage amplification | vs Free-air temperature<br>vs Frequency | 11<br>12 |
| | Differential voltage amplification | vs Frequency with feed-forward compensation | 13 |
| $P_D$ | Total power dissipation | vs Free-air temperature | 14 |
| $I_{CC}$ | Supply current | vs Free-air temperature<br>vs Supply voltage | 15<br>16 |
| $I_{IB}$ | Input bias current | vs Free-air temperature | 17 |
| | Large-signal pulse response | vs Time | 18 |
| $V_O$ | Output voltage | vs Elapsed time | 19 |
| CMRR | Common-mode rejection ratio | vs Free-air temperature | 20 |
| $V_n$ | Equivalent input noise voltage | vs Frequency | 21 |
| THD | Total harmonic distortion | vs Frequency | 22 |

MAXIMUM PEAK OUTPUT VOLTAGE
vs
FREQUENCY

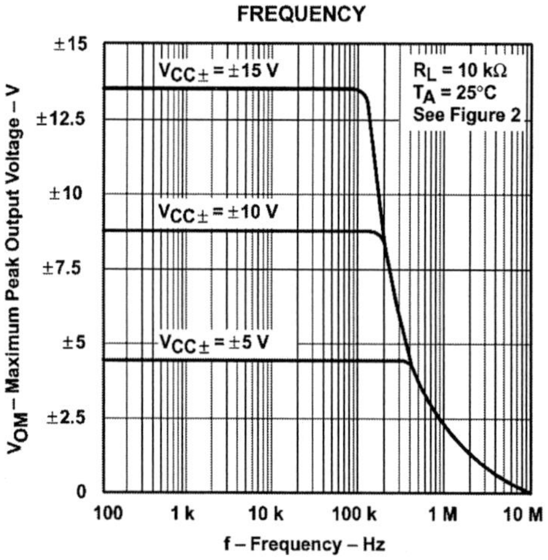


**Figure 5**

MAXIMUM PEAK OUTPUT VOLTAGE
vs
FREQUENCY

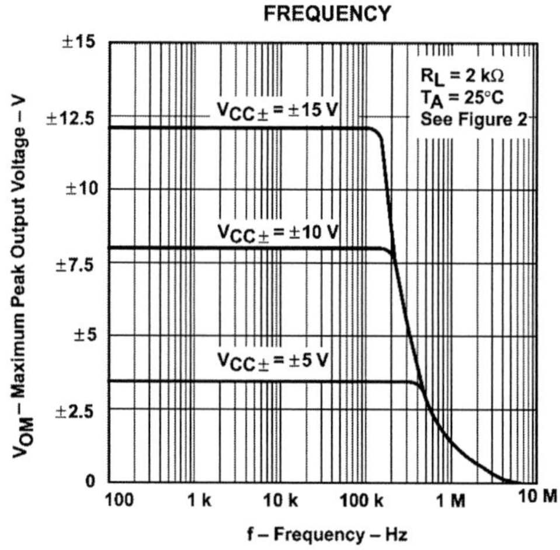


**Figure 6**

## TYPICAL CHARACTERISTICS†

MAXIMUM PEAK OUTPUT VOLTAGE vs FREQUENCY

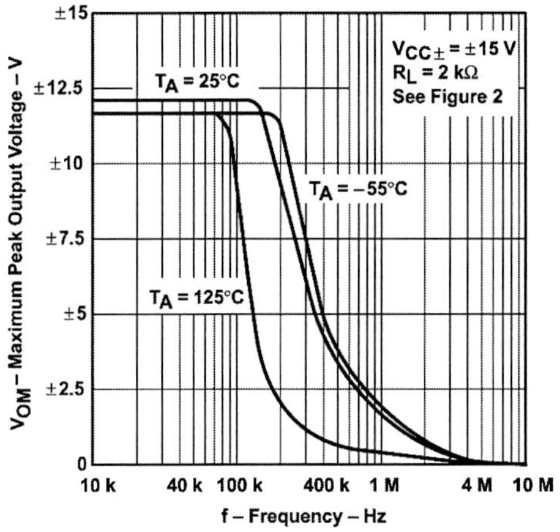


Figure 7

MAXIMUM PEAK OUTPUT VOLTAGE vs FREE-AIR TEMPERATURE

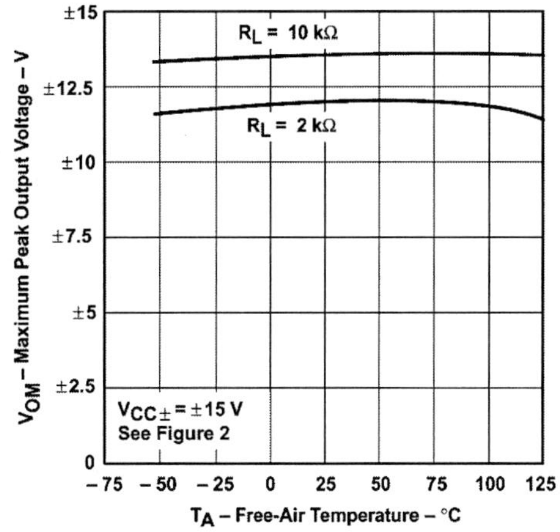


Figure 8

MAXIMUM PEAK OUTPUT VOLTAGE vs LOAD RESISTANCE

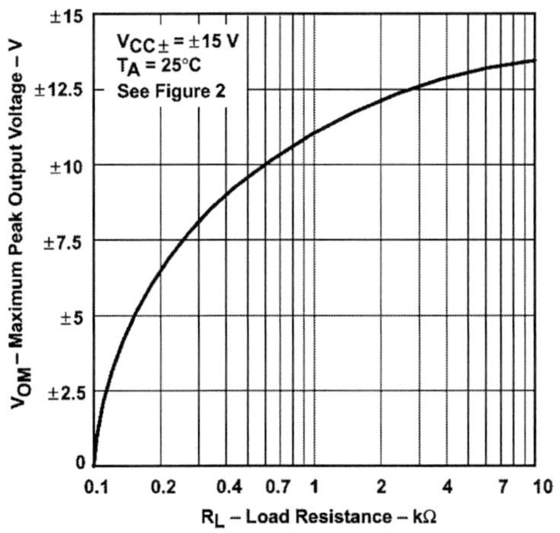


Figure 9

MAXIMUM PEAK OUTPUT VOLTAGE vs SUPPLY VOLTAGE

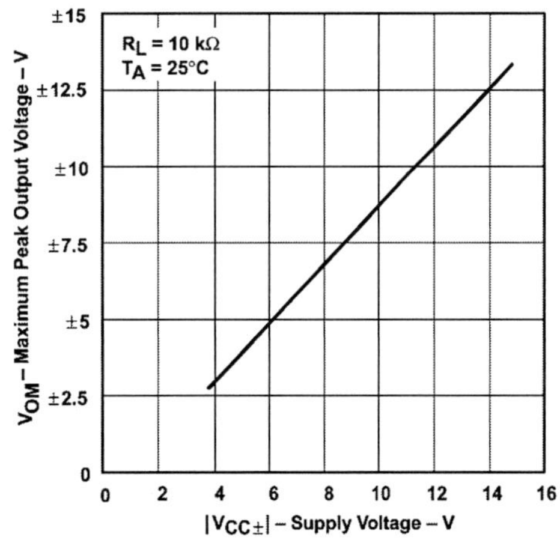


Figure 10

† Data at high and low temperatures are applicable only within the rated operating free-air temperature ranges of the various devices.

# TL081, TL081A, TL081B, TL082, TL082A, TL082B
# TL082Y, TL084, TL084A, TL084B, TL084Y
# JFET-INPUT OPERATIONAL AMPLIFIERS

SLOS081C – FEBRUARY 1977 – REVISED SEPTEMBER 1996

## TYPICAL CHARACTERISTICS†

**LARGE-SIGNAL DIFFERENTIAL VOLTAGE AMPLIFICATION vs FREE-AIR TEMPERATURE**

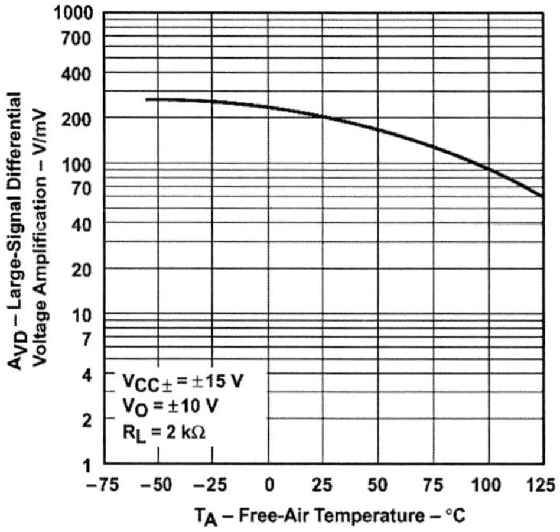


Figure 11

**LARGE-SIGNAL DIFFERENTIAL VOLTAGE AMPLIFICATION vs FREQUENCY**

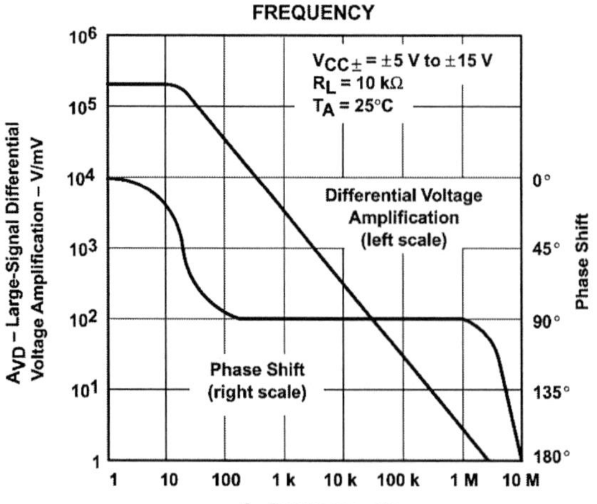


Figure 12

† Data at high and low temperatures are applicable only within the rated operating free-air temperature ranges of the various devices.

## TYPICAL CHARACTERISTICS†

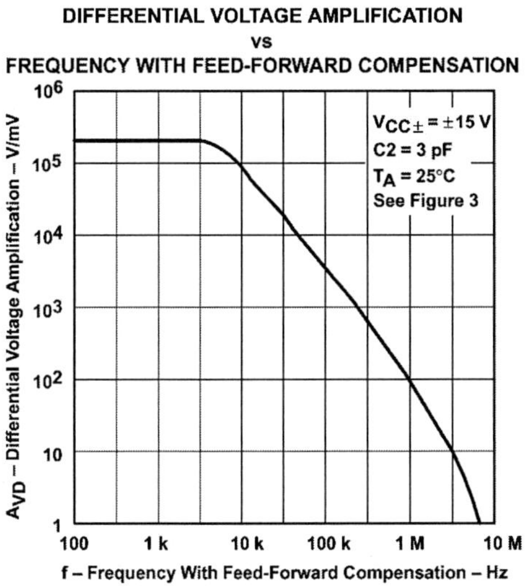


Figure 13

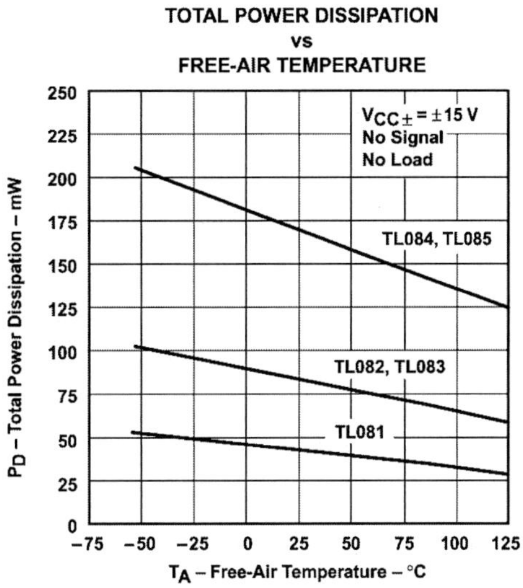


Figure 14

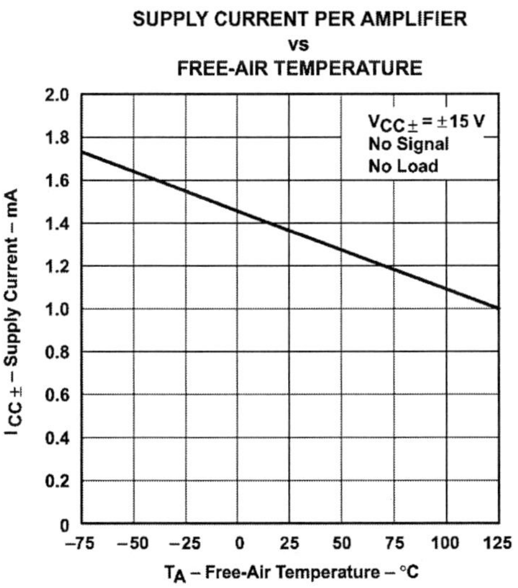


Figure 15

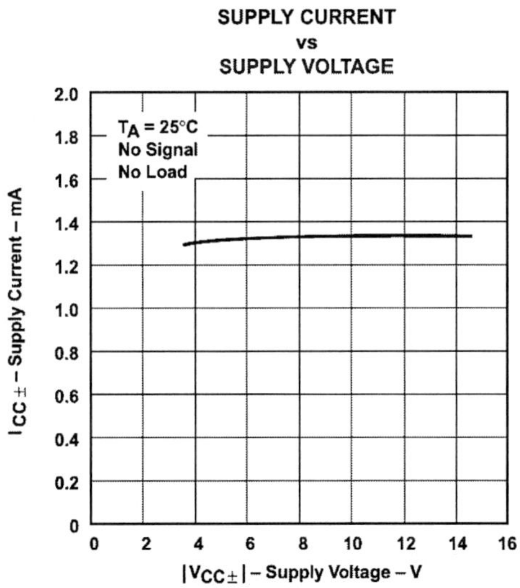


Figure 16

† Data at high and low temperatures are applicable only within the rated operating free-air temperature ranges of the various devices.

## TYPICAL CHARACTERISTICS†

INPUT BIAS CURRENT
vs
FREE-AIR TEMPERATURE

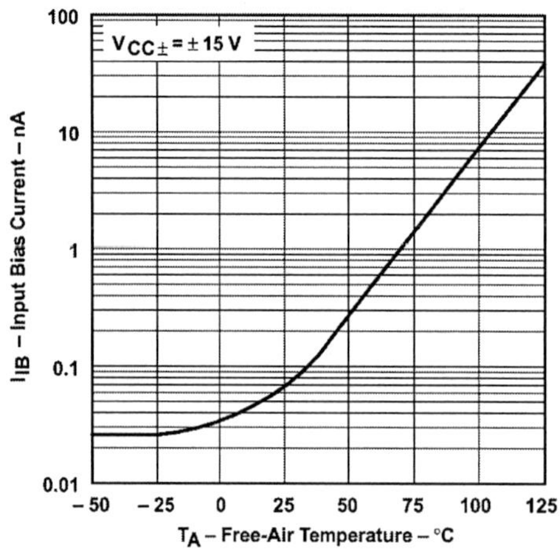


Figure 17

VOLTAGE-FOLLOWER
LARGE-SIGNAL PULSE RESPONSE

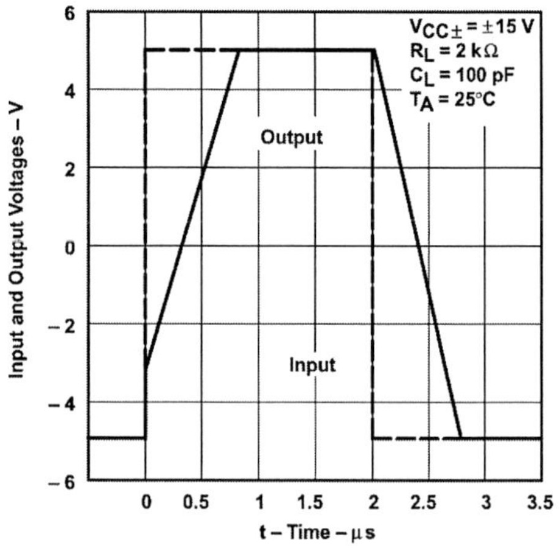


Figure 18

OUTPUT VOLTAGE
vs
ELAPSED TIME

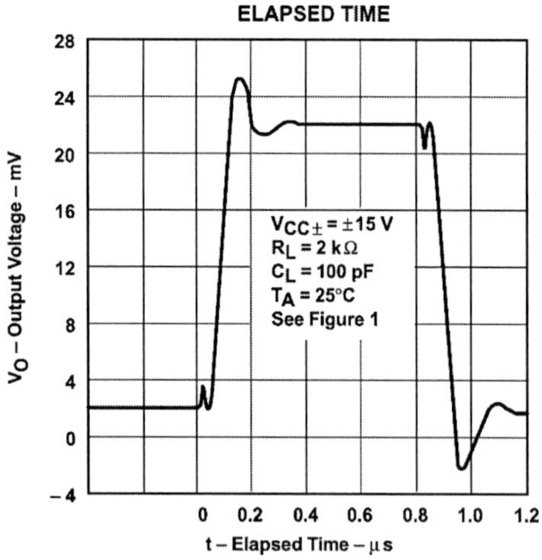


Figure 19

COMMON-MODE REJECTION RATIO
vs
FREE-AIR TEMPERATURE

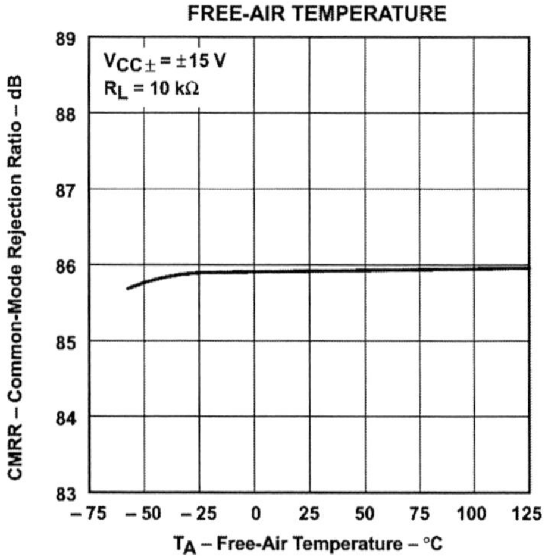


Figure 20

† Data at high and low temperatures are applicable only within the rated operating free-air temperature ranges of the various devices.

## TYPICAL CHARACTERISTICS†

**EQUIVALENT INPUT NOISE VOLTAGE vs FREQUENCY**

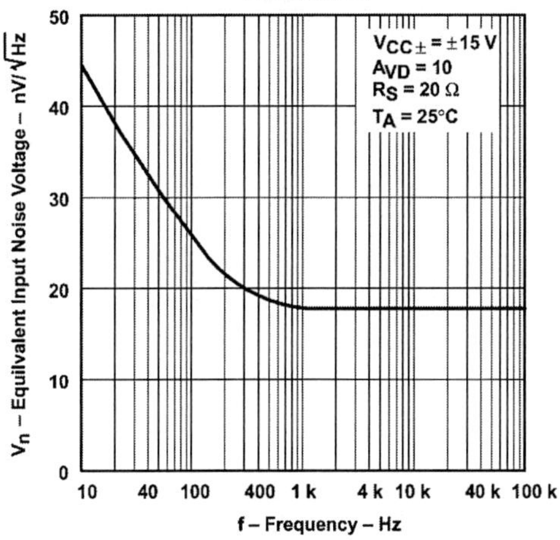


Figure 21

**TOTAL HARMONIC DISTORTION vs FREQUENCY**

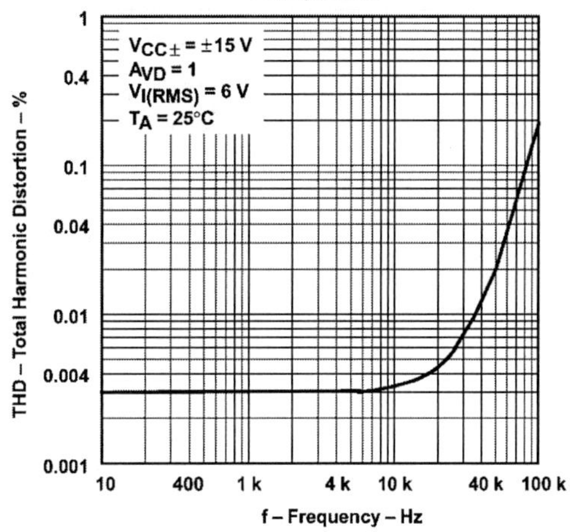


Figure 22

† Data at high and low temperatures are applicable only within the rated operating free-air temperature ranges of the various devices.

## APPLICATION INFORMATION

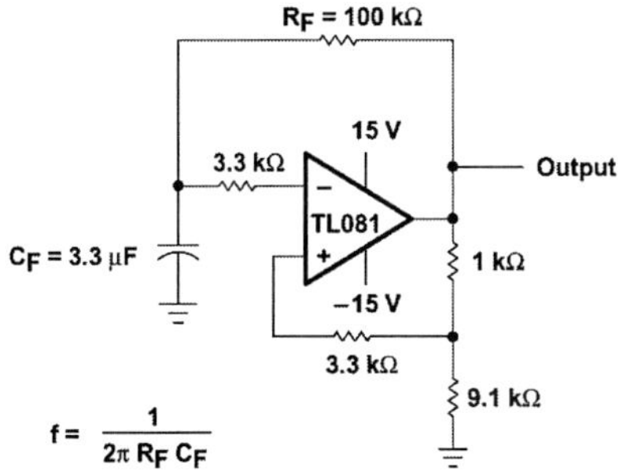


Figure 23

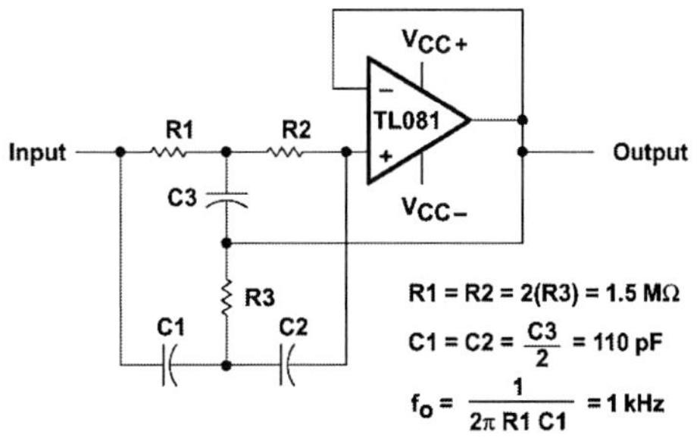


Figure 24

## APPLICATION INFORMATION

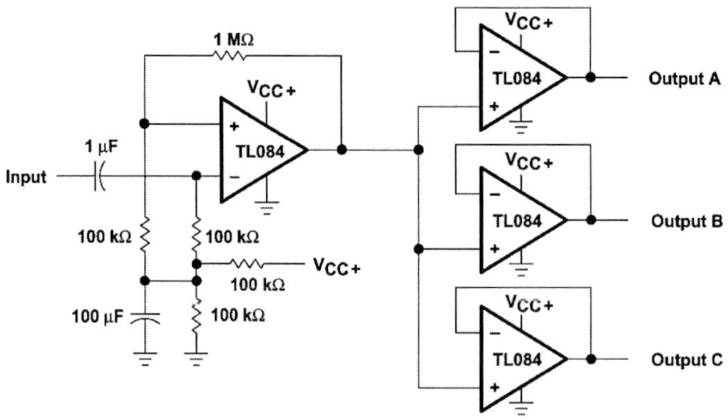


**Figure 25. Audio-Distribution Amplifier**

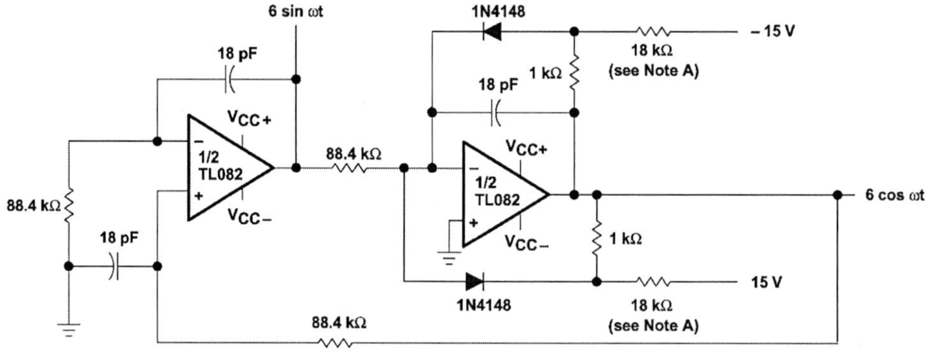


NOTE A: These resistor values may be adjusted for a symmetrical output.

**Figure 26. 100-KHz Quadrature Oscillator**

## APPLICATION INFORMATION

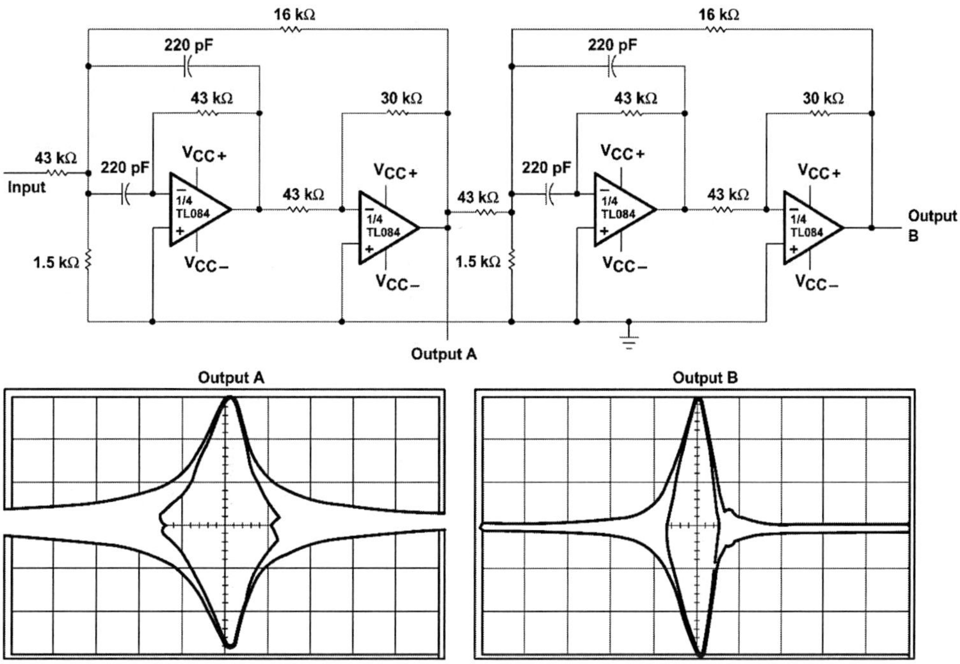


Second-Order Bandpass Filter
$f_O$ = 100 kHz, Q = 30, GAIN = 4

Cascaded Bandpass Filter
$f_O$ = 100 kHz, Q = 69, GAIN = 16

**Figure 27. Positive-Feedback Bandpass Filter**

## IMPORTANT NOTICE

Texas Instruments (TI) reserves the right to make changes to its products or to discontinue any semiconductor product or service without notice, and advises its customers to obtain the latest version of relevant information to verify, before placing orders, that the information being relied on is current.

TI warrants performance of its semiconductor products and related software to the specifications applicable at the time of sale in accordance with TI's standard warranty. Testing and other quality control techniques are utilized to the extent TI deems necessary to support this warranty. Specific testing of all parameters of each device is not necessarily performed, except those mandated by government requirements.

Certain applications using semiconductor products may involve potential risks of death, personal injury, or severe property or environmental damage ("Critical Applications").

TI SEMICONDUCTOR PRODUCTS ARE NOT DESIGNED, INTENDED, AUTHORIZED, OR WARRANTED TO BE SUITABLE FOR USE IN LIFE-SUPPORT APPLICATIONS, DEVICES OR SYSTEMS OR OTHER CRITICAL APPLICATIONS.

Inclusion of TI products in such applications is understood to be fully at the risk of the customer. Use of TI products in such applications requires the written approval of an appropriate TI officer. Questions concerning potential risk applications should be directed to TI through a local SC sales office.

In order to minimize risks associated with the customer's applications, adequate design and operating safeguards should be provided by the customer to minimize inherent or procedural hazards.

TI assumes no liability for applications assistance, customer product design, software performance, or infringement of patents or services described herein. Nor does TI warrant or represent that any license, either express or implied, is granted under any patent right, copyright, mask work right, or other intellectual property right of TI covering or relating to any combination, machine, or process in which such semiconductor products or services might be or are used.

[저자약력]

**류 정 탁**

(현)대구대학교 전자공학부 전자시스템공학전공 교수

정가 10,000원

**전자시스템 설계 및 실습**

2010년 3월 4일 초판 인쇄
2010년 3월 10일 초판 발행

저 자 : 류 정 탁
발행자 : 우 명 찬 · 송 준
발행처 : 홍릉과학출판사
주 소 : ㉾ 142-885 서울시 강북구 인수동 455-60
등 록 : 1976년 10월 21일 제5-66호
전 화 : 999－2274~5, 996－8341, 903－7037
팩 스 : 905-6729
ISBN : 978-89-7283-855-5

hongpub@hongpub.co.kr
www.hongpub.co.kr

저자와의 협의하에 인지생략